Zu diesem Buch

Ob an Schuhen, beim Segeln oder Basteln: Knoten begegnen uns in vielen Variationen als alltägliches Phänomen. Aus mathematischer Sicht stellt sich dies viel anspruchsvoller dar: Während Zöpfe topologisch längst beschrieben werden können, sind ihre Abschlüsse, die Knoten, weit davon entfernt, sich mühelos klassifizieren zu lassen.

Alexei Sossinsky versteht es, die historische Entwicklung der Knotentheorie allgemein verständlich zu schildern und eine hoch aktuelle Einführung in dieses Spezialgebiet der Mathematik zu geben, die sich für Einsteiger und Fortgeschrittene gleichermaßen eignet.

Alexei Sossinsky, geboren 1937 in Frankreich, studierte in Paris, New York und Moskau, wo er 1965 seine Doktorarbeit zur Knotentheorie verfasste. Als Mitglied der russischen Akademie der Wissenschaften, Autor zahlreicher Bücher und Fachartikel und Mitarbeiter des Wissenschaftsmagazins *Kvant* ist Sossinsky in Forschung und Lehre der Unabhängigen Universität Moskau tätig.

Alexei Sossinsky

Mathematik der Knoten

Deutsch von
Hainer Kober

Rowohlt Taschenbuch Verlag

rororo science
Lektorat Angelika Mette

Deutsche Erstausgabe
Veröffentlicht im Rowohlt
Taschenbuch Verlag GmbH,
Reinbek bei Hamburg, November 2000
Copyright © 2000 by Rowohlt
Taschenbuch Verlag GmbH,
Reinbek bei Hamburg
Alle deutschen Rechte vorbehalten
Die französische Originalausgabe erschien
1999 unter dem Titel «NŒUDS.
Histoire d'une théorie mathématique»
bei Editions du Seuil, Paris
«NŒUDS. *Histoire d'une théorie mathématique»*
Copyright © 1999 by Editions du Seuil, Paris
Fachliche Beratung der Reihe Eva Ruhnau,
Humanwissenschaftliches Zentrum,
Ludwig-Maximilians-Universität München
Fachliche Bearbeitung Markus Pössel und Oliver Henkel
Umschlaggestaltung Barbara Hanke
Satz Minon und Gill Sans PostScript, QuarkXPress 4.1
Gesamtherstellung Clausen & Bosse, Leck
Printed in Germany
ISBN 3 499 60930 4

Die Schreibweise entspricht den Regeln
der neuen Rechtschreibung.

Der Autor dankt Jean-Michel Kantor und Jean-Marc Lévy-Leblond für das Interesse, das sie diesem Buch entgegengebracht haben, Nikolas Witbowski für die zahlreichen und scharfsinnigen Korrekturen, mit denen er den ursprünglichen Text versehen hat, Michel Winogradow für die Erstellung der Diagramme, die im Text vorkommen, und Olga Sipaschewa für die Datenerfassung der Abbildungen.

Inhalt

Vorwort 11

Atome und Knoten (Lord Kelvin, 1860) 25

Tait, Kirkman und die ersten Knotentabellen 27
Knotenklassifikation aus mathematischer Sicht 31
Exkurs: Wilde Knoten, räumliches Vorstellungsvermögen und
Blindheit 34
Das Scheitern der Thomson'schen Theorie 37

Knoten und Zöpfe (James W. Alexander, 1923) 39

Schließung eines Zopfes 41
Der Flecht-Algorithmus von Vogel 44
Die Zopfgruppe 51
Klassifizierung der Zöpfe 57
Lassen sich Knoten mit Hilfe der Zöpfe klassifizieren? 58

Ebene Knotendiagramme (Kurt Reidemeister, 1928) 61

Reguläre und katastrophale Projektion 64
Hinlänglichkeit der Reidemeister-Bewegungen 67
Klassifiziert der Satz von Reidemeister die Knoten? 68
Was bleibt vom Reidemeister-Satz? 72

Knotenarithmetik (Horst Schubert, 1949) 73

Kommutativität der Zusammensetzung von Knoten 75
Exkurs: Der Fisch mit dem gleitenden Knoten 77
Kann ein Knoten einen anderen aufheben? 78

Primknoten 82
Eindeutigkeit der Zerlegung in Primknoten 84

Chirurgie und Invarianten (John Conway, 1973) 87

Exkurs: Verknotete Moleküle, DNS und Topoisomerasen 89
Knoteninvarianten 93
Das Conway-Polynom 95
Beispiele für Conway-Polynome 97
Erörterung der Ergebnisse 98
Das Homfly-Polynom 100

Jones-Polynom und Spin-Modelle (Louis Kauffman, 1987) 103

Statistische Modelle 103
Das Kauffman-Modell 106
Eigenschaften des Klammerpolynoms von Kauffman 109
Invarianz des Klammerpolynoms von Kauffman 113
Kleiner Exkurs in eigener Sache 114
Invarianz des Klammerpolynoms (Fortsetzung) 115
Und noch mal in eigener Sache 116
Kauffmans Trick und das Jones-Polynom 116
Exkurs über die Menhire 118
Eigenschaften des Jones-Polynoms 118

Invarianten endlicher Ordnung (Victor Wassiliew, 1990) 123

Exkurs: Mathematische Soziologie 128
Kurze Beschreibung der allgemeinen Theorie 130
Gauß-Diagramme und der Satz von Konzewitsch 134
Schluss: Warum Wassiliew-Invarianten? 138

Knoten und Physik (Xxx?, 2004?) 141

Übereinstimmungen 142

Exkurs: Übereinstimmungen und mathematische Struktur 144
Statistische Modelle und Knotenpolynome 146
Klammerpolynom von Kauffman und Quantenfelder 149
Quantengruppen als Maschinen zur Herstellung von
Invarianten 152
Wassiliew-Invarianten und Physik 153
Schluss: Nichts ist entschieden 155

Bibliographie 157

Register 158

Vorwort

Windsorknoten, Seemannsknoten, gordischer Knoten, Knoten im Gehirn: Im Alltag eine vertraute Erscheinung und als beliebtes Symbol für Kompliziertes oder Vertracktes bekannt, blieb der Knoten in der Mathematik – warum eigentlich? – lange Zeit unbeachtet. Ein schüchterner Versuch der Beschreibung von Vandermonde* Ende des 18. Jahrhunderts fand keine Nachahmer, und auch ein flüchtiger Entwurf des jungen Friedrich Gauß blieb folgenlos. Erst im 20. Jahrhundert fingen die Mathematiker an, sich ernsthaft mit den Knoten auseinander zu setzen. Doch bis Mitte der achtziger Jahre galt die Knotentheorie lediglich als ein Zweig der Topologie, der zwar wichtig war, aber abgesehen von einem kleinen Kreis von Spezialisten (vor allem deutschen und amerikanischen) niemanden interessierte.

Heute hat sich das gründlich geändert. Knoten oder genauer die mathematische Knotentheorie findet die Beachtung von Biologen, Chemikern und Physikern. Knoten sind in Mode gekommen. Schon fachsimpeln die so genannten neuen Philosophen und Postmodernen mit der üblichen Ahnungslosigkeit und Anmaßung im Fernsehen darüber. Allerorten werden Ausdrücke wie *Quantengruppe* und *Knotenpolynom* von Leuten verwendet, denen es an den einfachsten wissenschaftlichen Voraussetzungen zum Verständnis dieser Begriffe fehlt. Woher kommt dieses Interesse? Handelt es sich um einen vorübergehenden Trend oder um den Aufsehen erregenden Anfang einer Theorie vom Rang der Relativitäts- oder Quantentheorie?

Bis zu einem gewissen Grad beantwortet das vorliegende Buch diese Frage; es hat aber nicht vorrangig das Ziel, endgültige Ant-

---

* Gemeint ist der Vandermonde der gleichnamigen Determinante.

worten auf globale Fragen zu liefern. Vielmehr soll es konkrete Informationen zu einem Thema bieten, das nicht leicht zugänglich ist, viele eigenartige Aspekte besitzt, sich häufig sehr geheimnisvoll präsentiert und gelegentlich eine unerwartete und verblüffende Schönheit offenbart.

Das Buch ist für drei Kategorien von Lesern gedacht: erstens für solche mit einer gründlichen wissenschaftlichen Vorbildung, zweitens für junge Leser, die spüren, dass sie eine besondere Begabung für die Mathematik haben, und drittens für die bei weitem umfangreichste Gruppe jener Leser, bei denen es der Schule glänzend gelungen ist, sie von ihrer vollkommenen mathematischen Unfähigkeit zu überzeugen, ohne ihnen indessen ihre angeborene Neugier ganz nehmen zu können. Leser dieser dritten Kategorie erinnern sich im Allgemeinen an den trockenen Umgang mit nutzlosen «algebraischen Ausdrücken», tautologische Schlussfolgerungen bezüglich «abstrakter Strukturen» von zweifelhaftem Interesse oder sterile Definitionen geometrischer Figuren. Dabei ist die Mathematik sehr lebendig, wenn man sie nicht in eine fade Pseudowissenschaft für Lehrplanzwecke verwandelt. Die Geschichte ihrer Entwicklung mit all den plötzlichen Eingebungen, rasanten Fortschritten und dramatischen Irrtümern ist genauso interessant und bewegend wie die Geschichte der Malerei oder der Dichtung.

Leider braucht der Leser, um diese Geschichte zu verstehen und sich nicht mit bloßen Anekdoten begnügen zu müssen, in der Regel umfangreiche Vorkenntnisse. Doch die mathematische Knotentheorie – Gegenstand des vorliegenden Buches – ist die erfreuliche Ausnahme von dieser Regel. Man kann sie auch ohne einschlägiges Studium verstehen. Der Leser wird feststellen, dass die einzigen mathematischen Ausdrücke, die in diesem Buch vorkommen, einfache Polynomrechnungen und Umformungen kleiner Diagramme sind, wie nachfolgendes Beispiel zeigt:

Außerdem wird er sein räumliches Vorstellungsvermögen bemühen oder, wenn ihm daran fehlt, mit Schnüren hantieren und ganz konkrete Knoten knüpfen müssen.

Nachdem ich diesen Entschluss gefasst hatte – nämlich auf alle übermäßig abstrakten oder schwierigen mathematischen Ausführungen zu verzichten –, entschied ich mich dafür, das klassische (und anfangs leistungsfähigste) «Werkzeug» der Knotentheorie, die *Fundamentalgruppe*, fortzulassen. Die ersten Erfolge der Theorie gingen auf die Mathematiker der deutschen Schule, van Kampen, Seifert und Dehn, auf den Dänen Nielsen und den Amerikaner Alexander zurück, waren der scharfsinnigen Anwendung dieses «Werkzeugs» zu verdanken. Von ihnen ist hier kaum die Rede.

Angesichts der Vielfalt der in diesem Buch angeschnittenen Themen ging es mir nicht darum, eine systematische und einheitliche Darstellung der Knotentheorie zu bieten. Vielmehr sind die Themen der meisten Kapitel so aufbereitet, dass sie fast vollkommen eigenständig für sich stehen. In jedem Kapitel ist der Ausgangspunkt die meist einfache, weitreichende und unerwartete Einsicht eines Forschers. Wir folgen der Entwicklung seiner Gedanken und derjenigen seiner Nachfolger, ohne auf die technischen Einzelheiten einzugehen, um die wichtigsten Folgen für die heutige Wissenschaft zu verstehen. Die Kapitel sind – wenn überhaupt von einem Prinzip die Rede sein kann – chronologisch geordnet. Ich habe versucht, die Verweise auf vorausgehende Kapitel so weit wie möglich einzuschränken (auch auf die Gefahr hin, einige Abschnitte zu wiederholen). Der Leser kann die Kapitel also weitgehend unabhängig voneinander lesen.

Bevor ich auf die Themen eingehe, die ich in den einzelnen Kapiteln behandle, möchte ich noch erwähnen, dass Knoten nicht in erster Linie Gegenstand einer Theorie, sondern das Ergebnis verschiedener «handfester» Tätigkeiten sind. Auf diese wird hier zwar nicht näher eingegangen, doch wenn wir uns ein bisschen mit dem Reiz der Praxis beschäftigen, sind wir anschließend besser in der Lage, die Schönheit der Theorie wahrzunehmen.

Die Knotentechnik entwickelte sich bereits in der Antike, denn Knoten spielten schon damals eine wichtige Rolle in der Seefahrt und im Bauwesen. Die Seeleute haben für jede besondere Aufgabe und jedes Bedürfnis einen entsprechenden Knoten erfunden. Die tauglichsten wurden von Generation zu Generation überliefert und werden bis zum heutigen Tag angewandt (vgl. Adams, 1994).

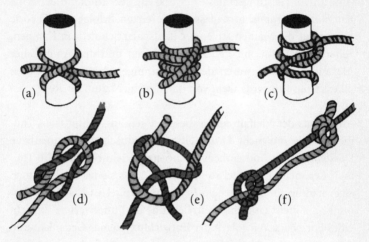

Abbildung 1 Einige der wichtigsten Seemannsknoten

Um ein Seil (kein Seemann würde dieses Wort verwenden) an einer festen Stange zu befestigen (einem Pfahl oder einem Mast), verwendet man den *Webeleinstek* (Abb. 1a), den *Leichtschifferstek* (Abb. 1b) oder den *Zweifachen Webeleinstek* (Abb. 1c), um zwei Seile miteinander zu verbinden, den *Kreuz- oder Reffknoten* (Abb 1d), den *englischen* oder *Liebesknoten* (Abb. 1f), wenn die Seile die gleiche Stärke haben, oder den *Schotstek* (Abb. 1e), wenn eines dicker als das andere ist. Außerdem gibt es noch eine Vielzahl anderer Knoten für die verschiedensten Zwecke. Seeleute verwenden Knoten nicht nur, um Schiffe zu vertäuen, Segel zu setzen oder Ladung aufzunehmen oder zu löschen, sondern auch in ihrem

Lebensalltag. Davon zeugen Gegenstände wie «die neunschwänzige Katze»*, die es zu trauriger Berühmtheit brachte, oder die Strohmatte, die nach dem Prinzip des *Türkischen Bundes* (Abb. 2 b) geflochten wird.

Während der Aufklärung (in England sogar schon vorher) wurde die Tradition der mündlichen Überlieferung der Knotentechnik in der Seefahrt durch spezielle Knotenbücher ersetzt. Eines der ersten Werke dieser Art stammt aus der Feder des Engländers John Smith, der durch seine zu Herzen gehenden Abenteuer mit der indianischen Häuptlingstochter Pocahontas weitaus bekannter wurde. Zugleich begann man die Terminologie der Knotentechnik zu kodifizieren. Denis Diderot und Jean le Rond d'Alembert widmeten ihr in ihrer *Encyclopédie* einen ausführlichen Artikel.

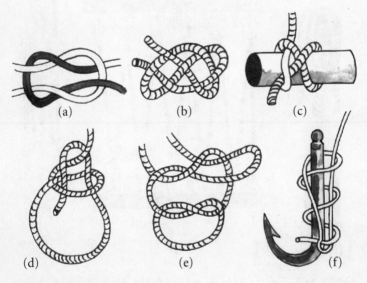

Abbildung 2 Weitere Knoten

* Eine Peitsche, die zur Bestrafung der Matrosen an Bord eingesetzt wurde.

Die Seeleute sind im Übrigen nicht die Einzigen, die Knoten verwenden. So gibt es den *Stopperknoten* (mehrfach halber Schlag, Abb. 2 f) der Angler, den *Palstek* (Bergsteiger-Methode) der Alpinisten (Abb. 2 d), den *Konstriktorknoten* der Bauingenieure (Abb. 2 c) und den *Handarbeitsknoten* (Kreuzknoten auf Slip; Abb. 2 e), mit dem Maschen aufgenommen werden, um nur einige bekannte Beispiele unter vielen anderen zu nennen.*

Mehrere Spezialknoten haben mit einer der wichtigsten technischen Errungenschaften des Mittelalters zu tun, der Rolle (Abb. 3 a) und dem Flaschenzug (Abb. 3 b, 3 c). Die Verringerung des Kraftaufwandes mit Hilfe von Seilen vereint zwei große Erfindun-

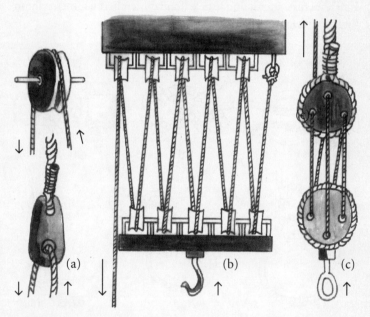

Abbildung 3 Einfache Rolle (a) und das Prinzip des Flaschenzugs (b, c)

---

* *Das große Buch der Knoten* von C. W. Ashley (1979) ist das umfassendste Nachschlagewerk der Knotentechnik.

gen der Antike: das Rad und das Seil. Der Flaschenzug wird zum Heben aller möglichen Lasten verwendet, die durch geeignete Knoten befestigt werden. Dadurch wurde das Seil zum universellen technischen Hilfsmittel der Epoche.

Die Herstellungstechnik der Seile und Taue, ihre *Verflechtung*, gewann daher große Bedeutung. Bei ihrer Fertigung werden zunächst die *Fasern*, die heute synthetisch, früher aber aus pflanzlichen Stoffen wie Hanf gewonnen wurden, zu dünnem *Garn* zusammengedreht. Das Garn wird zu dickeren Schnüren, den *Litzen*, verdrillt, die ihrerseits nach einem speziellen Algorithmus (im Allgemeinen auf drei Litzen angewandt) zur endgültigen Gestalt des Seils geflochten werden (Abb. 4).

Abbildung 4 Aufbau eines Seils

Taue anzufertigen ist noch komplizierter und erfolgt in vier oder mehr Schritten, an denen Garne, Schnüre, Litzen und geflochtene Seile beteiligt sind. Für den Mathematiker liefert die Flechttechnik das grundlegende Modell in der Topologie: den *Zopf*, von dem im Kapitel «Knoten und Zöpfe» ausführlich die Rede sein wird.

Neben den technischen und nützlichen Aspekten der Knoten dürfen wir ihren ästhetischen, rätselhaften und magischen Reiz nicht

Abbildung 5
Schematische Darstellung
einer Verschlingung auf einem
Megalithen

vergessen. Meines Wissens verdanken sie es diesen Aspekten, dass sie erstmals Eingang in unsere Kultur fanden. Damit spiele ich auf die bemerkenswerten Knotendarstellungen an, die von den Menschen der Jungsteinzeit, vor allem den Kelten, um 400 v. Chr. in die Megalithen und Grabplatten geritzt wurden und die Mathematiker heute *Verschlingungen* nennen.

Die mystische und religiöse Bedeutung der Verschlingungen, die auch auf Menhiren zu finden sind, ist uns nicht bekannt, doch die auf regelmäßigen Graphen beruhende Geometrie, mit deren Hilfe diese Ornamente von magischer Bedeutung geschaffen wurden, ist von Mathematikern entschlüsselt worden (vgl. Mercat, 1996).

Nicht nur in der Neusteinzeit hat man Kultobjekte mit Verschlingungen geschmückt. Ihre Spuren finden sich in den Miniaturmalereien mittelalterlicher Bibeln, in der orientalisch beeinflussten Architektur Spaniens (auf Friesen und anderen Ornamenten der

Alhambra) oder auf den Ikonenrahmen orthodoxer Kirchen in Nordrussland.

Beenden wir den Rückblick auf die Geschichte der Knoten mit einem Abstecher in die Kleinkunst, wo der Knoten ein unentbehrlicher Bestandteil im Repertoire des Zauberkünstlers ist: Knoten, die keine sind, Seile, die sich entflechten, statt die hübsche Assistentin des Magiers zu erdrosseln, und dergleichen mehr. Einige dieser Tricks, die auch der Amateur erlernen kann, sind in Abschnitt zwei der Monographie von Prasolov und Sossinsky (1997) oder bei Walker (1997) nachzulesen.

Wir gehen jetzt kurz auf den Inhalt des vorliegenden Buches ein, um dem Leser einen raschen Überblick dessen zu geben, was ihn erwartet. So kann er, falls er nicht die Absicht hat, das Buch von Anfang bis Ende zu lesen, das oder die Kapitel aussuchen, die ihm zusagen.*

Das Kapitel «Atome und Knoten» beschäftigt sich mit den Anfängen der mathematischen Knotentheorie, die wir nicht den Mathematikern verdanken – Schande über sie! –, sondern den Physikern, genauer: William Thomson (dem späteren Lord Kelvin). Ausgangspunkt war 1860 seine Idee, den Knoten einem Atommodell zugrunde zu legen, das er *Wirbel-Atom* (*vortex atom*) nannte. Um die Grundlagen der Materientheorie aus dieser Sicht zu untersuchen, musste man also mit dem Studium der Knoten beginnen. Zur Genugtuung der Mathematiker hatte Kelvins Theorie nicht lange Bestand und geriet bald in Vergessenheit, allerdings nicht, ohne eine Reihe von Problemen zu hinterlassen (die *Tait-Vermutungen*), welche die Physiker damals nicht lösen konnten. Erst hundert Jahre später wurden sie von Mathematikern bewältigt. Das Kapitel behandelt also das großartige Scheitern einer schönen phy-

---

* Eine andere Lesestrategie, die einfacher und möglicherweise nicht weniger effizient ist, besteht darin, das Buch durchzublättern und die Kapitel, die man lesen möchte, anhand der Abbildungen auszuwählen.

sikalischen Theorie, wobei verschiedene Aspekte der Knotentheorie zur Sprache kommen: die Tait-Tabellen alternierender Knoten, die prächtigen Knoten, die als *wild* bezeichnet werden, und das *Antoine-Kollier*. Letzteres ist ein willkommener Anlass, um auf die – blinden! – Adepten der Geometrie einzugehen. Das Kapitel schließt mit einer kurzen Erörterung der Gründe, die zum Scheitern der Theorie führten.

Im Kapitel «Knoten und Zöpfe» geht es um die fundamentale Beziehung zwischen Knoten und Zöpfen, die der Amerikaner J. W. H. Alexander fünfzig Jahre nach Kelvins Fehlstart entdeckte. Die Theorie der mathematischen Zöpfe, die zur gleichen Zeit von dem sehr jungen deutschen Forscher Emil Artin ausgearbeitet wurde, ist algebraischer und daher einfacher und effizienter als die der Knoten. Das betreffende Bindeglied, eine geometrische Konstruktion von bestechender Einfachheit: Die *Schließung des Zopfes* ermöglicht – so fand Alexander heraus –, alle Knoten aus Zöpfen zu erhalten. Und da Artin rasch mit der Klassifikation der Zöpfe zurande kam, lag es nahe, daraus die Klassifikation der Knoten abzuleiten. Entsprechende Versuche haben zwar nicht zum angestrebten Ziel, aber doch zu interessanten Ergebnissen geführt, unter anderem zu Algorithmen und entsprechenden Computerprogrammen, die unlängst von französischen Forschern entwickelt wurden.

Im Kapitel «Ebene Knotendiagramme» präsentieren wir eine raffinierte, aber sehr einfache geometrische Konstruktion, die auf den deutschen Mathematiker Kurt Reidemeister zurückgeht und die uns ermöglicht, die Untersuchung von Knoten im Raum auf die Untersuchung ihrer Projektionen auf die Ebene (die so genannten *Knotendiagramme*) zurückzuführen. Das gibt uns Gelegenheit, ein bisschen auf die Katastrophentheorie, die Kodierung von Knoten und die Behandlung von Knoten im Computer einzugehen. Wir werden sehen, dass es zwar einen von Reidemeisters Landsmann Wolfgang Haken entwickelten Algorithmus gibt, anhand dessen man entscheiden kann, ob sich ein gegebener Knoten lösen lässt oder nicht, dass dieser Algorithmus aber sehr komplex ist, d. h., um einen Knoten zu entwirren, muss man häufig damit anfangen, ihn noch komplizierter zu gestalten (was leider auch für die Wirklichkeit gilt). Genauer erklärt wird ein recht einfacher Entknotungsalgorithmus, der allerdings den Nachteil hat, dass er sich beim Versuch, Knoten zu entknoten, die sich prinzipiell nicht entknoten lassen, hoffnungslos verrennt. Auch solche Entknotungsaufgaben erledigen moderne Computer weit besser als der arme *Homo sapiens*!

Das Kapitel «Knotenarithmetik» behandelt die Arithmetik der Knoten, deren wichtigster Satz, die Existenz und Eindeutigkeit der «Zerlegung eines Knoten in Primfaktoren», 1949 von dem Deutschen Horst Schubert bewiesen wurde. Auch die vielversprechende Ähnlichkeit zwischen der Menge der Knoten, bei der die Operation als Zusammensetzung, d. h. als einfaches Aneinanderfügen von Knoten definiert ist, und der Menge der positiven Zahlen, die durch die Operation der Multiplikation gegeben ist, hat große Hoffnung geweckt. Waren Knoten vielleicht eine geometrische Kodierung von Zahlen, sodass ihre Klassifikation auf triviales Zählen hinauslief? Diese Hoffnung hat sich leider zerschlagen. Wir werden erklären, warum.

Das Kapitel «Chirurgie und Invarianten» macht uns mit einer auf den ersten Blick harmlos wirkenden Erfindung des Angloamerikaners John Conway bekannt, eines der originellsten Denker unter den Mathematikern des 20. Jahrhunderts. Wie im Kapitel «Ebene Knotendiagramme» handelt es sich um kleine geometrische Operationen, die auf die Knotendiagramme angewendet werden. Im Gegensatz zu den Reidemeister-Bewegungen können sie nicht nur den Verlauf, sondern auch den Knotentyp ändern oder einen Knoten sogar in eine Verschlingung verwandeln. Mit ihrer Hilfe lässt sich auf höchst elementare Weise das *Alexander-Conway-Polynom* eines Knotens (oder einer Verschlingung) definieren und berechnen. Dank dieser Methode kann man in vielen Fällen sehr bequem und recht wirksam beweisen, dass zwei Knoten verschieden sind, und vor allem, dass sich bestimmte Knoten nicht entknoten lassen. Doch ich denke, nicht diese Methode wird für den Leser des Kapitels am interessantesten sein: Ein Abstecher in die Biologie erklärt, wie die *Topoisomerasen* (spezialisierte Enzyme, die unlängst entdeckt wurden) auf molekularer Ebene ganz konkrete Conway-Operationen ausführen!

Im Kapitel «Jones-Polynom und Spin-Modelle» bekommen wir es mit der berühmtesten der so genannten Knotenvarianten zu tun, dem *Jones-Polynom*, das vor gut zehn Jahren zu einem neuen Aufschwung der Theorie führte. Vor allem hat es einigen Forschern ermöglicht, die ersten ernst zu nehmenden Beziehungen zwischen der Knotentheorie und der Physik herzustellen. Merkwürdigerweise führte erst die physikalische Interpretation* des Jones-Polynoms zu einer ganz einfachen Beschreibung der Invarianten von Vaughan Jones, während die ursprüngliche Definition eher kompliziert war. Diese Beschreibung gründet sich auf einen sehr schlichten mathematischen Ausdruck, der aber dessen ungeachtet eine äußerst wichtige Rolle in der modernen theoretischen Physik spielt – das *Klammerpolynom von Kauffman*. Außerdem enthält das Kapitel mehrere Exkurse. Unter anderem erfährt der Leser dabei, dass ein wesentliches Element des Kauffman'schen Klammerpolynoms bereits den oben erwähnten keltischen Steinzeitkünstlern bekannt war.

Das Kapitel «Invarianten endlicher Ordnung» ist der letzten großen Entwicklung der Knotentheorie vorbehalten, den Wassiliew-Invarianten. Auch hier war die ursprüngliche Definition, die sich auf die *Katastrophentheorie*** und die *Spektralsequenzen* stützte, eher

---

* Im Sinne der statistischen Physik.
** Es handelt sich um einen mathematischen Terminus und nicht um die Beschreibung eines Horrorfilms für das Fernsehen. Die moderne mathematische Terminologie verwendet wie die der theoretischen Physik lieber Wörter der Alltagssprache als allzu schwerfällige und wissenschaftliche Begriffe.

schwierig und kompliziert. Inzwischen wurde aber eine einfachere Beschreibung vorgeschlagen: Anstelle von komplizierten mathematischen Sachverhalten findet der Leser hier einfache Rechnungen mit Symbolen und einen Exkurs über den «soziologischen Ansatz der Mathematik».

Im Kapitel «Knoten und Physik» ist schließlich die Rede von der Beziehung zwischen der Knotentheorie und der Physik. Im Gegensatz zu dem, was ich in den vorangegangenen Kapiteln versucht habe, kann ich hier keine einfachen Erklärungen liefern, um deutlich zu machen, was auf diesem noch jungen Forschungsgebiet geschieht. Ohne ausreichende Erläuterungen musste ich neue physikalisch-mathematische Begriffe einführen und relativ komplizierte mathematische Formeln schreiben. Trotzdem bin ich davon überzeugt, dass auch der eher geisteswissenschaftlich orientierte Leser dieses Kapitel mit Gewinn lesen kann. Vielleicht wird er die Bedeutung der Terme und Formeln nicht im Einzelnen verstehen, doch wird er in der Lage sein, dem Gedankengang im Allgemeinen zu folgen, sich ein Bild von der Bedeutung der Übereinstimmungen zu machen, und vielleicht sogar einen Eindruck davon gewinnen, wie spannend und aufregend das Geschehen in der zeitgenössischen Forschung ist.

Obwohl der glänzende Start der Knotentheorie vor 130 Jahren in einem Aufsehen erregenden Fehlschlag endete, hat sie sich dank wiederholter Bemühungen von Mathematikern, die kein anderes Motiv als ihre intellektuelle Neugier hatten, doch weiterentwickelt. Um Fortschritte zu erzielen, brauchte man neue und konkrete Ideen. Der Einfallsreichtum hervorragender Wissenschaftler hat innovative Gedankenmodelle wiederholt geliefert und damit immer wieder neue und häufig übertriebene Hoffnungen genährt. Doch jeder Fehlschlag kreiste die noch offenen Fragen präziser ein, sodass das Endziel immer klarer und attraktiver wurde.

Heute befinden wir uns in einer ganz ähnlichen Situation wie 1860: Viele Forscher sind, wie einst Lord Kelvin, der Meinung, dass die Knoten eine Schlüsselrolle in der Theorie der fundamentalen Materiestruktur spielen. Das heißt aber nicht, dass wir von vorne anfangen müssen: Die Erkenntnisspirale hat eine ganze Schleife durchlaufen, sodass wir uns zwar in der gleichen Situation der Suche, aber auf einem höheren Niveau befinden.

Die Knotentheorie bleibt daher lebendig und rätselhaft. Ihre großen Probleme sind noch immer offen: Nach wie vor entziehen sich die Knoten allen Klassifikationsversuchen, und bis auf den heutigen Tag wissen wir nicht, ob sie eine so genannte vollständige Invariante besitzen, die sich mühelos berechnen lässt. Außerdem konnte ihre zentrale Rolle, die sie nach Meinung einiger Wissenschaftler in der Physik spielen soll, bisher nicht überzeugend bewiesen werden.

Atome und Knoten
(LORD KELVIN, 1860)

Im Jahr 1860 zerbrach sich der britische Physiker William Thomson – heute besser bekannt als Lord Kelvin, aber damals noch nicht im Besitz seines Adelstitels – den Kopf über grundlegende Probleme der Materiestruktur. Seine Kollegen bildeten zwei feindliche Lager: Die einen vertraten die so genannte *Korpuskulartheorie*, nach der die Materie aus Atomen besteht, kleinen starren *Korpuskeln*, die eine bestimmte Position im Raum einnehmen; während die anderen die Materie als eine Überlagerung von *Wellen* verstanden, die im Raum verteilt sind. Jede Theorie lieferte überzeugende Erklärungen für bestimmte Phänomene, versagte aber gleichzeitig bei anderen. Kelvin suchte nach einer Synthese.

Und er fand sie. Die Materie, so seine These, bestehe sehr wohl aus Atomen. Diese *Wirbelatome* (*vortex atoms*) seien jedoch keine Punktteilchen, sondern – kleine Knoten (vgl. Thomson, 1867). Danach ist ein Atom eine Welle, die, statt sich in alle Richtungen auszuarbeiten, ein stark gekrümmtes, schmales Bündel bildet und in sich zurückkehrt, ganz ähnlich einer Schlange, die sich in den

Abbildung 1 Modell eines Wirbelatoms?

Schwanz beißt. Indem diese Schlange sich auf höchst komplizierte Weise windet, bevor sie sich in den Schwanz beißt, bildet sie einen Knoten (Abb. 1). Es ist der Knotentyp, der die physikalisch-chemischen Eigenschaften des Atoms bestimmt.

Nach dieser Auffassung werden Moleküle aus mehreren verschlungenen Wirbelatomen gebildet; d. h., sie sind nach dem Vorbild dessen geformt, was Mathematiker eine *Verschlingung* nennen: eine Gruppe von Raumkurven, die sich ebenso gut separat verknoten wie einander umschlingen können.

Dem Leser, der in der Schule das von Niels Bohr vorgeschlagene Modell kennen gelernt hat, nach dem das Atom wie ein Planetensystem aufgebaut ist, wird diese Theorie reichlich phantastisch erscheinen. Doch wir befinden uns im Jahr 1860, der künftige dänische Nobelpreisträger wird erst in fünfundzwanzig Jahren geboren werden, und die wissenschaftliche Gemeinschaft nimmt Kelvins revolutionäre Idee mit großem Interesse auf. James Clerk Maxwell, der bedeutendste Physiker dieser Zeit, der mit seinen berühmten Gleichungen die Grundlage der elektromagnetischen Wellentheorie des Lichts schuf, wurde nach anfänglichem Zögern ein überzeugter Anhänger dieser Idee. Er erklärte, Kelvins Theorie berücksichtige besser als jede andere die experimentellen Ergebnisse, die von der Forschung zusammengetragen worden seien.

Um die Theorie zu entwickeln, galt es zunächst einmal festzustellen, welche verschiedenen Knotentypen möglich sind, und die Kno-

Abbildung 2 Drei Knotentypen: *Kleeblattknoten*, *Achterknoten* und *trivialer Knoten* oder *Unknoten*

ten entsprechend zu klassifizieren. Die drei in Abbildung 2 gezeigten Knoten – der *Kleeblattknoten*, der *Achterknoten* und der *triviale Knoten* oder *Unknoten* – könnten demzufolge die Modelle für Kohlenstoff, Sauerstoff und Wasserstoff sein.

Am Anfang stand also ein mathematisches Problem (und nicht so sehr ein physikalisch-chemisches), und zwar das der *Klassifikation der Knoten*. Die machte sich Peter Guthrie Tait, ein schottischer Physiker und Schüler von Kelvin, zur Aufgabe.

Tait, Kirkman und die ersten Knotentabellen

Nach Tait lässt sich ein Knoten, eine geschlossene Kurve im Raum, durch eine ebene Kurve darstellen, die sich durch Projektion auf eine Ebene ergibt. Diese Projektion kann dort *Kreuzungen* besitzen (Abb. 3), wo die Projektion eines Kurvenabschnitts die eines anderen schneidet; in der Darstellungsebene kennzeichnet man den Strang, der oben verläuft, indem man in der unmittelbaren Umge-

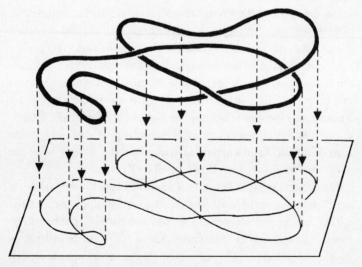

Abbildung 3 Projektion eines Knotens auf eine Ebene

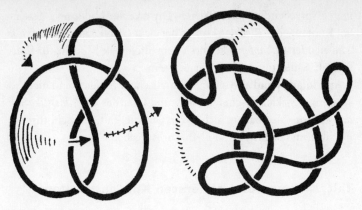

Abbildung 4 Zwei Darstellungen desselben Knotens

bung der Kreuzung die Linie unterbricht, die den unteren Strang darstellt. Diese natürliche Methode zur Abbildung von Knoten haben wir bereits in Abbildung 2 verwendet und werden uns auch in der Folge an sie halten.

Um das Problem der Knotenklassifikation richtig zu formulieren, müssen wir zunächst festlegen, welche Knoten zu ein und derselben Klasse gehören, und damit *eine genaue Definition der Äquivalenz von Knoten* liefern. Wir heben uns diese Definition der so genannten *Isotopie* von Knoten für später auf. Zunächst begnügen wir uns mit einer intuitiven Definition. Stellen wir uns vor, die Kurve des Knotens sei eine dünne Schnur aus Gummi, flexibel und elastisch, die wir im Raum deformieren dürfen, solange wir sie dabei nicht zerreißen. Alle Raumkurven, zu denen wir die Schnur in dieser Weise verformen, entsprechen demselben Knoten.

Wenn man Lage und Form der Kurve, die einen Knoten im Raum definiert, stetig verändert, ohne sie zu zerreißen und anschließend wieder zusammenzufügen, erhält man zwar stets denselben Knoten. Der Projektion der veränderten Kurve sieht man dies allerdings nicht zwangsläufig an. Vor allem die Zahl der Kreuzungen kann sich verändert haben.

(a) (b)

Abbildung 5 Alternierender Knoten (a) und nichtalternierender Knoten (b)

Dennoch besteht das natürliche Verfahren zur Klassifikation von Knoten im Raum darin, zunächst eine Liste von allen ebenen Kurven anzulegen, die 1, 2, 3, 4, 5 … Kreuzungen haben, um anschließend die *Verdoppelungen* zu beseitigen. Ziel ist es, von den Kurven, die denselben Knoten im Raum darstellen, nur eine übrig zu behalten (Abb. 4).

Damit sich die Aufgabe überhaupt in der Lebensspanne eines Menschen bewältigen lässt, muss man die maximale Zahl der betrachteten Kreuzungen stark einschränken. Peter Tait gab sich mit zehn zufrieden.

Anfangs kam Tait ein Glücksfall zu Hilfe: Er erfuhr, dass ein Hobbymathematiker, Pfarrer Kirkman, die ebenen Kurven mit wenigen Kreuzungen bereits klassifiziert hatte, sodass er jetzt nur noch die Verdoppelungen systematisch eliminieren musste. Doch diese Aufgabe ist umfangreich und nicht einfach. Denn bei jeder Kreuzung einer ebenen Kurve gibt es zwei Möglichkeiten zu entscheiden, welcher der obere Strang der Kreuzung ist. Damit gibt es beispielsweise bei einer Kurve mit zehn Kreuzungen prinzipiell 2^{10} oder 1024 Möglichkeiten, einen Knoten zu bilden. Tait beschloss daher, nur die *alternierenden Knoten* zu klassifizieren. Das sind Knoten, bei de-

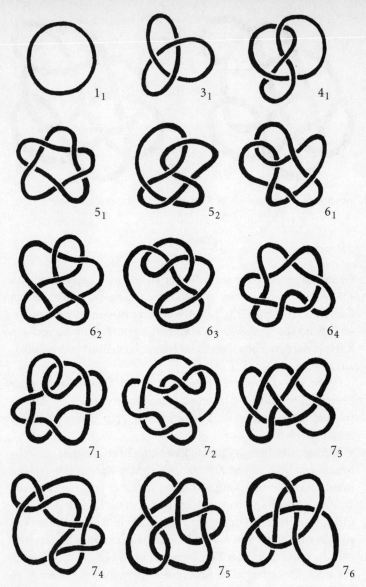

Abbildung 6 Knotentabelle, die Primknoten mit sieben Kreuzungen oder weniger zeigt

nen jeder Strang, den man entlangläuft, bei aufeinander folgenden Kreuzungen abwechselnd oberer oder unterer Kreuzungsstrang ist (Abb. 5).

Die Klassifikation nichtalternierender Knoten (mit zehn Kreuzungen oder weniger) legte 1899 nach sechsjähriger Arbeit der Amerikaner C. N. Little vor, dem es gelungen war, die systematische Prüfung der oben erwähnten 2^{10} Kreuzungsmöglichkeiten zu vermeiden.

Thomson, Kirkman, Little und Tait hatten das Pech, dass zu dem Zeitpunkt, da die beiden Letzteren ihre Arbeiten abschlossen, kaum noch jemand Interesse für Knotentabellen aufbrachte – aus Gründen, auf die wir am Ende dieses Kapitels zu sprechen kommen werden.

Ende des 19. Jahrhunderts waren die meisten Arbeiten zur Klassifikation der Knoten mit zehn Kreuzungen oder weniger abgeschlossen, sodass die ersten *Knotentabellen* erscheinen konnten. Ein Beispiel für eine solche Tabelle – die Tabelle der so genannten Primknoten mit sieben Kreuzungen oder weniger – zeigt die Abbildung 6.

Die genaue Bedeutung des Ausdrucks «Primknoten», analog zur «Primzahl», einer Zahl, die man nicht in Faktoren zerlegen kann, wird im Kapitel «Ebene Knotendiagramme» erklärt, wo von Knotenarithmetik die Rede sein wird.

Doch bevor wir mit unseren Ausführungen über die Arbeiten von Kelvin und Tait fortfahren, müssen wir noch etwas näher auf die Knotenklassifikation eingehen.

Knotenklassifikation aus mathematischer Sicht

Formulieren wir das Problem exakter und hinreichend streng, um auch den Ansprüchen des Mathematikers zu genügen (der Leser, der keine besondere Neigung zu wissenschaftlicher Strenge verspürt, kann diesen Abschnitt überschlagen und sich mit einem Blick auf die Abbildungen begnügen): Zuallererst benötigen wir eine mathematische Definition eines Knotens. Wir definieren einen Knoten als einen geschlossenen, aus endlich vielen Strecken zusammengesetzten Polygonzug im Raum (ein Beispiel zeigt Abbildung 7a). Allerdings setzen wir fest, dass bestimmte Polygonzüge demselben Knoten entsprechen. Das sollen gerade diejenigen Polygonzüge sein, die sich durch endlich viele der «elementaren Deformationsbewegungen» ineinander umformen lassen, die wir gleich definieren werden. Solche Polygonzüge wollen wir *isotop* nennen. Der mathematisch vorgebildete Leser wird erkennen, dass wir einen Knoten damit als Äquivalenzklasse von Polygonzügen definieren, wobei die Äquivalenzrelation die Isotopie ist. Eine elementare Deformationsbewegung soll vorliegen, wenn man entweder ein Dreieck (ABC in Abbildung 7 b) an eine Strecke (AB) des Polygonzugs anfügt und diese Strecke dann durch die beiden anderen des Dreiecks ersetzt (AC ∪ CB) oder indem man die umgekehrte Operation vornimmt. Dabei darf die Dreiecksfläche mit dem Polygonzug keine Punkte gemeinsam haben, ausgenommen jenen, die auf seinen Seiten AB beziehungsweise AC und BC liegen. Auch diese dürfen außer in A und B keine weiteren Punkte des Polygonzugs berühren. Eine *Isotopie* ist eine beliebige Folge von elementaren Deformationen (Abb. 7c).

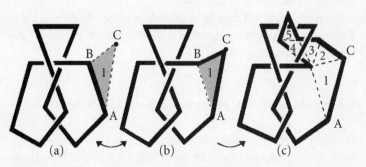

Abbildung 7 Knoten als Polygonzug und Isotopie

Offensichtlich deckt sich diese Definition mit unserer intuitiven Vorstellung von einem Knoten als Abstraktion einer Schnur, deren Enden zusammengeklebt sind. Die Isotopie ermöglicht uns, den Knoten im Raum so zu deformieren, wie wir auch eine echte Schnur verformen können, ohne sie zu zerreißen. Aus ästhetischer Sicht mag es allerdings wenig befriedigend sein, Schnüre zu betrachten, die überall Winkel bilden. Doch das ist der Preis, den wir bezahlen müssen, um eine zugleich einfache und strenge Definition eines Knotens zu erhalten.*

Die Darstellung eines Knotens als Polygonzug erklärt sich nicht nur aus der Tatsache, dass sie die Möglichkeit bietet, Dreiecke hinzuzufügen (was voraussetzt, dass die «Kurve» sich aus geraden Abschnitten zusammensetzt), sondern auch aus der Notwendigkeit, «lokale Pathologien» zu vermeiden. Es gibt nämlich *wilde Knoten*, die nicht topologisch äquivalent zu einem (endlichen) Polygonzug (oder einer glatten Kurve) sind. Man erhält sie mit Hilfe eines unendlichen Knotungsprozesses, wobei die Verschlingungen der Kurve immer kleiner werden und schließlich gegen einen Grenzpunkt streben, den *wilden Punkt* der Kurve (Abb. 8).

Abbildung 8 Wilde Knoten

---

* In der Differentialgeometrie gibt es eine hübsche, aber weniger einfache Definition, nach der Knoten *geschlossene glatte Kurven* sind.

Durch die strenge Definition eines Knotens (als Polygonzug oder glatte Kurve) lassen sich diese kleinen Ungeheuer vermeiden, was die Theorie stark vereinfacht. Bevor wir unsere erste Untersuchung der «gezähmten» Knoten fortsetzen, wollen wir noch ein paar Anmerkungen zu ihrer «wilden» Verwandtschaft machen.

Exkurs:
Wilde Knoten, räumliches Vorstellungsvermögen und Blindheit

Die Beispiele für wilde Knoten, die wir bisher erwähnt haben, besitzen ausschließlich einen einzigen isolierten pathologischen Punkt, gegen den eine Folge von immer kleineren Knoten strebt. Ein wilder Knoten mit mehreren dieser gleichartigen Punkte lässt sich leicht konstruieren. Doch wir können noch weiter gehen: Abbildung 9 zeigt einen wilden Knoten, der eine unendliche Menge von pathologischen Punkten besitzt (für Leser, denen der Ausdruck etwas sagt: eine Menge, die sogar über abzählbar liegt).

Die Menge der wilden Punkte bildet das bekannte *Cantor'sche Diskontinuum*, das sich folgendermaßen definiert: Man nehme die Strecke $[0,1]$ und entferne das mittlere Drittel. Aus den übrig ge-

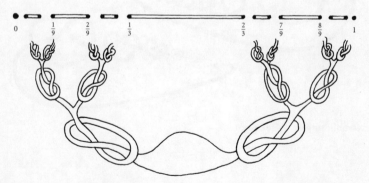

Abbildung 9 Wilder Knoten, der gegen das *Cantor'sche Diskontinuum* konvergiert

bliebenen Teilstrecken entferne man wiederum deren mittleres Drittel, aus dem, was dann noch übrig ist, wiederum die jeweiligen mittleren Drittel, und diesen Prozess wiederhole man unendlich oft. Die ersten Teilschritte sind in der Abbildung dargestellt: Als Erstes entfernen wir das offene Intervall $\left(\frac{1}{3}, \frac{2}{3}\right)$, als Zweites die zwei kleineren Mittelstücke $\left(\frac{1}{9}, \frac{2}{9}\right)$ und $\left(\frac{7}{9}, \frac{8}{9}\right)$ der verbliebenen Abschnitte, dann die vier ganz kleinen Mittelstücke $\left(\frac{1}{27}, \frac{2}{27}\right)$, $\left(\frac{5}{27}, \frac{6}{27}\right)$, $\left(\frac{21}{27}, \frac{22}{27}\right)$ und $\left(\frac{25}{27}, \frac{26}{27}\right)$ der bis dahin vier noch intakten Abschnitte.

Einen weit faszinierenderen wilden Knoten erhalten wir, wenn wir die Kurve mit Hilfe einer Menge konstruieren, die noch kompli-

Abbildung 10 Wilder Knoten, der gegen das *Antoine-Kollier* konvergiert

zierter ist als das Cantor-Diskontinuum, zum Beispiel durch das *Antoine-Kollier*. Nein, es handelt sich nicht um ein Geschenk des römischen Generals (Antoine ist der französische Name von Antonius) an Kleopatra, sondern um eine geometrische Konstruktion des französischen Mathematikers Louis Antoine. Wir wollen versuchen, dieses Juwel der mathematischen Phantasie zu beschreiben, und haben es dafür in Abbildung 10 dargestellt.

Wir beginnen mit einem Körper T_1 in Form eines Torus (dem größten in der Abbildung), in dessen Inneres wir vier kleinere Tori verlegen, die jeweils zu zweit miteinander verschlungen sind und so eine Kette (T_2) mit vier Gliedern bilden. Anschließend bringen wir in jedem Glied der Kette T_2 eine kleine Kette unter, die der vorangehenden gleicht. Die Menge, die von diesen vier Kettchen gebildet wird (und folglich aus den 16 ganz kleinen Tori besteht), nennen wir T_3. In das Innere jedes der kleinen Tori verlegen wir ... – der Leser dürfte verstanden haben. Der Vorgang wird unendlich fortgesetzt, und die Menge, die sich aus dem unendlichen Durchschnitt der Menge T_i ergibt, bildet das Antoine-Kollier:

$$A = T_1 \cap T_2 \cap ... \cap T_n \cap ...$$

Das Antoine-Kollier besitzt einige bemerkenswerte Eigenschaften, auf die wir hier nicht näher eingehen wollen. Es soll uns lediglich dazu dienen, einen wilden Knoten zu konstruieren, den wir dem russischen Mathematiker G. J. Suew verdanken und der durch dieselbe Abbildung dargestellt wird. Der betreffende Knoten wird teilweise durch die Kurve wiedergegeben, die in das Innere des großen Torus eindringt, dann in die kleinen Tori und so fort, wobei sie sich bei jedem Eintritt in einen Torus gabelt, um sich dem Antoine-Kollier zu nähern. Man kann zeigen (doch der strenge Beweis ist ziemlich kompliziert), dass die Kurve, die wir am Limes erhalten, eine einfache geschlossene Kurve ist und dass die Menge ihrer wilden Punkte genau dem Antoine-Kollier entspricht.

An dieser Stelle fragt sich der Leser vielleicht, was für ein enormes räumliches Vorstellungsvermögen erforderlich ist, um Ungeheuer wie das Antoine-Kollier oder den wilden Knoten von Suew zu erfinden. Es wird den Leser vermutlich überraschen, wenn er erfährt, dass beide Mathematiker vollkommen blind gewesen sind. Bei genauerer Betrachtung ist dieser Zustand nicht sehr überraschend, bedenkt man, dass sich fast alle blinden Mathematiker der Geometrie zuwenden oder zugewandt haben. Das räumliche Vorstellungsvermögen, das wir Sehenden haben, beruht in erster Linie auf dem Bild von der Welt, wie es auf unsere Netzhaut projiziert wird; wir haben es folglich mit einem zweidimensionalen und nicht dreidimensionalen Bild zu tun, das unser Gehirn dann analysiert. Die räumliche Vorstellung eines Blinden resultiert dagegen in erster Linie aus taktilen und operativen Erfahrungen. Mit anderen Worten, sie ist viel tiefer – im wörtlichen wie im übertragenen Sinne!

Wie jüngere biologisch-mathematische Untersuchungen an Kindern und Erwachsenen, die blind geboren und anschließend sehend wurden, gezeigt haben, sind die fundamentalen mathematischen Strukturen, beispielsweise die so genannten *topologischen Strukturen*, also beispielsweise was für Löcher oder «Henkel» ein Gegenstand besitzt, angeboren, während differenziertere Strukturen, wie die linearen Strukturen, erworben sind (Zeeman, 1962). So kann ein Blinder, der sein Augenlicht wiedergewonnen hat, zunächst nicht zwischen Quadrat und Kreis unterscheiden: Er sieht lediglich ihre topologische Äquivalenz. Dagegen erkennt er sofort, dass der Torus keine Kugel ist. Sehende verleitet die Neigung, dem äußeren Schein zu viel Bedeutung beizumessen, häufig dazu, die Welt reichlich platt und oberflächlich wahrzunehmen.

Das Scheitern der Thomson'schen Theorie

Während die europäischen Physiker die Vorteile der Thomson'schen Theorie erörterten und Tait seine Knotentabellen füllte, dachte ein anderer Forscher, der wenig bekannt in einem riesigen unterentwickelten Land lebte, wie Thomson und Tait über den Aufbau der Materie nach. Auch er versuchte, Atomtabellen aufzustellen, kümmerte sich aber wenig um geometrische Aspekte, sondern orientierte sich an den arithmetischen Beziehungen zwischen den verschiedenen Parametern der chemischen Elemente.

Dabei machte er eine unerwartete Entdeckung: Zwischen den Parametern gibt es sehr einfache Beziehungen, die bis dahin aber trotzdem unbemerkt geblieben waren. Und er veröffentlichte, was wir heute das *Periodensystem der Elemente* nennen. Es dauerte einige Zeit, bis diese bemerkenswerte Entdeckung in Westeuropa anerkannt wurde. Damit versetzte mein Landsmann Mendelejew der Thomson'schen Theorie den Todesstoß. Denn da diese keinen wesentlichen Beitrag zur Chemie geleistet hatte, wurde sie rasch durch Mendelejews arithmetische Theorie ersetzt. Vor den beschämten und verwirrten Physikern fortan gemieden, gerieten die Knoten mehr als hundert Jahre in Vergessenheit. Bis die Mathematiker sie für sich entdeckten.

Knoten und Zöpfe

(JAMES W. ALEXANDER, 1923)

Dieses Kapitel ist der von Mathematikern entdeckten, bemerkenswerten Beziehung gewidmet, die zwischen zwei eleganten topologischen Objekten besteht: den Zöpfen und den Knoten. Was ist ein Zopf in der Mathematik? Im Prinzip ist er die formale Abstraktion dessen, was wir auch im Alltag unter einem Zopf verstehen (der Zopf, den ein junges Mädchen trägt, eine Hundeleine mit geflochtenen Riemen, ein klassisches Seil mit verschlungenen Litzen), nämlich mehrere Stränge, die in bestimmter Weise umeinander gewunden sind. Genauer: Man kann sich einen *Zopf mit n Strängen* als n Schnüre vorstellen, die «oben» beispielsweise an waagerecht aufgereihten Nägeln befestigt sind und «nach unten» hängen, wobei sie sich kreuzen, ohne je wieder nach oben zu führen. Unten finden wir dieselben Schnüre, ebenfalls mit Nägeln befestigt, aber nicht unbedingt in der gleichen Reihenfolge (Abb. 1).

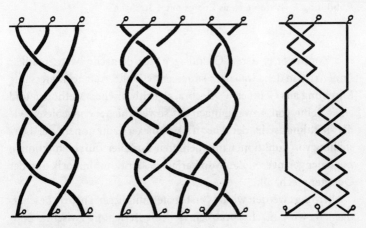

Abbildung 1 Verschiedene Zöpfe

Betrachtet man die Stränge als elastisch, darf man sie bei einem gegebenen Zopf formen und bewegen, ohne sie oben oder unten abzuhaken und natürlich auch ohne sie zu zerreißen und wieder zusammenzukleben. Man erhält so einen Zopf von anderem Verlauf, den wir aber *äquivalent* (oder *isotop*) zum gegebenen Zopf nennen wollen (Abb. 2). Wie bei Knoten machen wir keinen Unterschied zwischen zwei isotopen Zöpfen: Wir sehen sie als zwei Darstellungen desselben Objekts (streng mathematisch gesehen heißt das, dass wir nicht konkrete Zöpfe, sondern Äquivalenzklassen solcher Zöpfe betrachten).

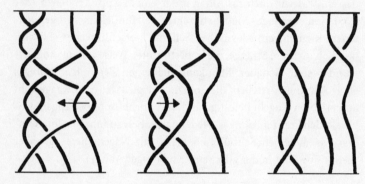

Abbildung 2 Isotopie eines Zopfes mit 4 Strängen

Die Zopftheorie, deren Grundlagen der deutsche Mathematiker Emil Artin in den zwanziger Jahren entwickelte, ist eine interessante Mischung aus Geometrie, Algebra, algorithmischen Methoden und einer Reihe von Anwendungen auf so verschiedenen Gebieten wie der Textilindustrie, der Theorie komplexer Funktionen, der Darstellung von Funktionen mit mehreren Variablen durch Funktionen mit einer geringeren Zahl von Variablen, der Kombinatorik und der Quantenmechanik.

Allerdings werden wir uns erst später mit dieser Theorie beschäftigen, da wir zunächst beabsichtigen, die Beziehung zwischen Zöpfen und Knoten zu untersuchen.

Schließung eines Zopfes

Ausgehend von einem Zopf, kann man einen Knoten durch die Operation der *Schließung* erhalten, die darin besteht, dass man die oberen Enden der Stränge mit den unteren Enden verbindet (Abb. 3a).

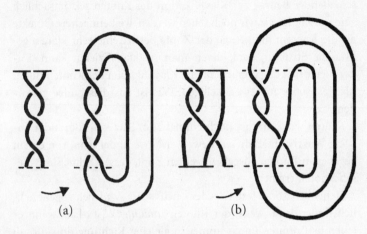

Abbildung 3 Schließung zweier Zöpfe

Lässt sich auf diese Weise immer ein Knoten bilden? Wie die Abbildung 3b zeigt, ist das nicht in jedem Falle so: Die Schließung eines Zopfes kann durchaus auch eine Verschlingung mit mehreren Komponenten ergeben im Gegensatz zum Knoten, der definitionsgemäß nur einen Strang besitzt, z. B. mit mehreren Strängen. Der Leser, der sich das vorangehende Kapitel aufmerksam zu Gemüte geführt hat, wird – wenn auch nicht auf Anhieb – in der Abbildung 3a den Kleeblattknoten wiedererkennen.

Eine Frage stellt sich sogleich: Welche Knoten lassen sich auf diese Weise gewinnen? Die Antwort, die der amerikanische Mathematiker J. W. H. Alexander 1923 darauf gibt, erklärt, warum Zöpfe so wichtig für die Knotentheorie sind: Alle Knotentypen lassen sich durch sie gewinnen! Damit können wir den Satz von Alexander formulieren: *Jeder Knoten lässt sich durch die Schließung eines bestimmten Zopfes gewinnen.* Tatsächlich hat Alexander sogar bewiesen, dass diese Aussage ganz allgemein für Verschlingungen gilt, von denen die Knoten nur ein Sonderfall sind.

Wahrscheinlich hatte Alexander gehofft, dass sein Satz ein entscheidender Beitrag zur Klassifikation der Knoten sei. Tatsächlich sind die Zöpfe, wie wir noch sehen werden, weit einfachere Objekte als die Knoten; die Menge der Zöpfe besitzt eine sehr klare algebraische Struktur, dank deren man sie klassifizieren kann. Daher bietet sich der Versuch an, die Klassifikation der Knoten durch die der Zöpfe zu bewerkstelligen. Was ist aus dieser Idee geworden?

Kehren wir zunächst noch einmal zum Satz von Alexander zurück: Wie tritt man diesen Beweis an? Wie findet man, von einem gegebenen Knoten ausgehend, einen Zopf, dessen Schließung diesen Knoten ergibt?

Stellen wir vorab fest, dass der gewünschte Zopf sich augenblicklich finden lässt, wenn der Knoten *umlaufend* ist, d. h., wenn er einen bestimmten Punkt immer in gleicher Richtung umläuft (so wie der Knoten in Abbildung 4 den Mittelpunkt C). Tatsächlich genügt es dann, den Knoten entlang eines Strahls aufzuschneiden,

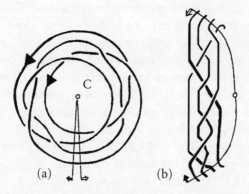

Abbildung 4 Ausrollen eines umlaufenden Knotens

der vom Mittelpunkt ausgeht, und ihn zu einem Zopf auszurollen (Abb. 4b).

Doch was können wir tun, wenn der Knoten nicht umlaufend ist, wie z. B. der Knoten, der in Abbildung 5a dargestellt ist? (Es handelt sich um den *Achterknoten*, wie die Leser des ersten Kapitels wissen.) In diesem besonderen Fall genügt es, wenn wir den graphisch hervorgehobenen Teil des Knotens (denjenigen, «der in die falsche Richtung verläuft») über den Punkt C hinweg zur anderen Seite der Kurve bewegen und auf diese Weise einen umlaufenden Knoten erhalten (Abb. 5b). Dieser lässt sich nun wie im vorangehenden Beispiel zu einem Zopf entrollen (Abb. 5c).

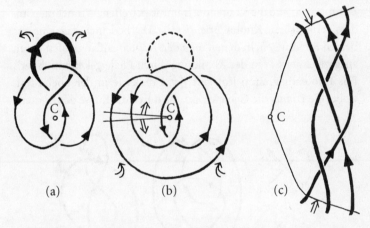

Abbildung 5 Umlaufende Varianten des *Achterknotens* und ihr Ausrollen zum Zopf

Tatsächlich ist diese elegante Methode – die Verwandlung eines beliebigen Knotens in einen zusammengerollten Knoten – allgemein gültig, d. h., mit ihrer Hilfe konnte Alexander seinen Satz beweisen. Der Nachteil liegt darin, dass seine praktische Anwendbarkeit zu wünschen übrig lässt. Vor allem ist er nur schwer in eine Programmiersprache zu übersetzen. Daher wollen wir hier eine andere

Methode beschreiben, Knoten in Zöpfe zu verwandeln, die effektiver und leichter zu programmieren ist und die der französische Mathematiker Pierre Vogel entwickelt hat. Der Leser, der an algorithmischen Überlegungen wenig Interesse hat, kann diese Beschreibung übergehen und sich gleich der (weit einfacheren und wichtigeren) Untersuchung der Zopfgruppe zuwenden.

Der Flecht-Algorithmus von Vogel

Um diesen Algorithmus zu beschreiben, der einen beliebigen Knoten in einen umlaufenden Knoten verwandelt, brauchen wir einige Definitionen, die die Knotendiagramme betreffen. Wir nehmen an, dass der gegebene Knoten *orientiert* ist. Das bedeutet, dass eine der beiden Richtungen, in denen man den Knoten entlanglaufen kann, ausgezeichnet ist (in der Abbildung durch Pfeile gekennzeichnet). Das Knotendiagramm legt eine Art Landkarte in der Ebene fest, wobei die *Länder* die Gebiete sind, die durch die Kurve des Knoten-

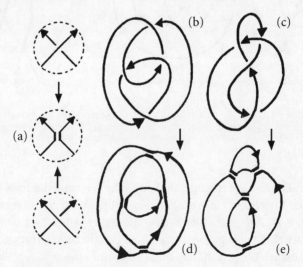

Abbildung 6 Auflösungen von Knoten in Seifert-Kreise

diagramms begrenzt werden. Auf dieser Karte besteht die Grenze jedes Lands aus mehreren *Teilstücken* (deren Richtungssinn sich aus der Orientierung des Knotens ergibt und durch Pfeile angegeben ist), die eine Kreuzung des Diagramms mit einer Nachbarkreuzung verbinden. Zusätzlich zu den Ländern tragen wir auch dem *unendlichen Land* Rechnung, zu dem alles gehört, was außerhalb der Kurve liegt.

Da die Kurve des Knotens orientiert ist, sind die Kreuzungen mit Pfeilen versehen, die eine eindeutige *Auflösung* des Knotendiagramms ermöglichen. Abbildung 6a zeigt, dass sich alle Kreuzungen beseitigen lassen, indem wir die beiden sich kreuzenden Stränge auftrennen und so wieder zusammenkleben, dass die Richtungen der neu entstandenen Stränge zueinander passen. Dieses Verfahren verwandelt jeden Knoten in eine oder mehrere orientierte geschlossene Kurven (ohne Kreuzungen), die *Seifert-Kreise* heißen. Zwei Beispiele zeigt Abbildung 6: die Übergänge von b zu d und von c zu e.

Zwei Seifert-Kreise nennen wir *ineinander geschachtelt*, wenn der eine sich im Inneren des anderen befindet und wenn die Orientierungen der beiden Kreise übereinstimmen. Halten wir fest, dass die Auflösung eines umlaufenden Knotens immer ein System von ineinander geschachtelten Seifert-Kreisen ergibt und umgekehrt (Abb. 6b zu 6d).

Im Übrigen sei erwähnt, dass wir in einer Situation, in der nicht alle Seifert-Kreise ineinander geschachtelt sind (wie in Abbildung 7b), die Verschachtelung durch den folgenden Trick erreichen können: Mathematisch gesehen können wir der Ebene, in der unser Knotendiagramm liegt, so etwas wie den «unendlich fernen Punkt» hinzufügen und das so entstandene Gebilde als eine Kugelfläche auffassen. Der Nullpunkt unserer ursprünglichen Ebene entspricht dabei dem Nordpol der Kugel, der unendlich ferne Punkt entspricht dem Südpol, und das Knotendiagramm liegt auf der Kugelfläche. Eine Verschachtelung lässt sich herstellen, indem der außen liegende Seifert-Kreis in bestimmter Weise über den unendlichen Punkt, den Südpol der Kugel, gezogen wird:

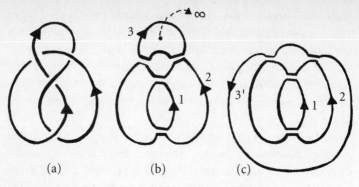

Abbildung 7 Ineinanderschachteln von Seifert-Kreisen

Ursprünglich, in Abbildung 7b, sind zwar die Kreise 1 und 2 ineinander geschachtelt, nicht aber der Kreis 3. Nun stellen wir uns vor, das Diagramm läge auf einer Kugeloberfläche, etwa auf einem Globus. Wir halten den unteren Teil von Kreis 3 fest und ziehen den oberen Teil der Kreislinie einmal um die Kugel herum (wobei die Kugel durch die Kreislinie «hindurchtaucht»). Das Ergebnis dieser Operation – ein Kreis, den wir 3' nennen wollen – ist in Abbildung 7c zu sehen, und alle Seifert-Kreise sind ineinander geschachtelt. Wir wollen diese Operation als «Unendlichkeitswechsel» be-

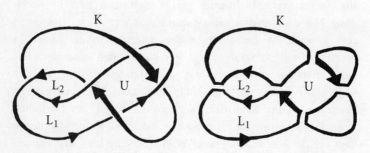

Abbildung 8 Ein ungleichartiges Land und zwei nicht ungleichartige Länder

zeichnen; sie ist eng verwandt mit derjenigen, die wir in Abbildung 5 gesehen haben – zum gleichen Ergebnis hätten wir auch durch die Anwendung von Reidemeister-Bewegungen in der Ebene gelangen können.

Betrachten wir nun die Landkarte, die durch ein Diagramm des Knotens K gegeben ist. Ein Land auf dieser Karte nennen wir *ungleichartig*, wenn mindestens zwei Teilstücke seiner Grenzlinie zu zwei verschiedenen Seifert-Kreisen gehören, deren Pfeile das Land in gleicher Richtung umlaufen. Folglich ist in der Auflösung des Knotens K der Abbildung 8 das Land U ungleichartig, während das für die Länder L_1 und L_2 nicht gilt. L_1 ist es nicht, weil alle seine Streckenzüge zum selben Seifert-Kreis gehören; L_2 ist es nicht, weil seinen Streckenzügen entgegengesetzte Richtungen zugeordnet sind.

Auf jedes ungleichartige Land können wir eine Operation anwenden, die wir *Perestroika* nennen wollen (Abb. 9). Dabei ersetzen wir die beiden schuldhaften Streckenzüge durch zwei «Zungen», deren eine über die andere hinwegführt, sodass sie zwei neue Kreuzungen bilden.

Dadurch entsteht ein zentrales Land, das nicht ungleichartig ist,

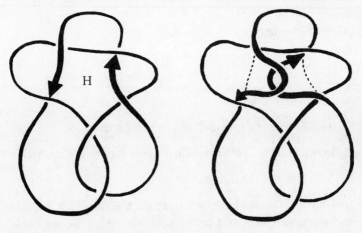

Abbildung 9 Perestroika eines ungleichartigen Landes

und mehrere neue Länder, von denen manche (im vorliegenden Beispiel zwei) von angrenzenden Ländern eingegliedert werden können – daher die Bezeichnung Perestroika (Umbau).

Nun können wir den Vogel-Algorithmus in Form eines «Programms» formulieren, das in einer Pseudoversion der Programmiersprache «Pascal» geschrieben ist:

```
MACHE AUFLÖSUNG

SO LANGE: ES GIBT EIN UNGLEICHARTIGES LAND
  MACHE PERESTROIKA
  MACHE AUFLÖSUNG

ENDE SO LANGE

SO LANGE: DIE SEIFERT-KREISE SIND NICHT VERSCHACHTELT
  MACHE UNENDLICHKEITSWECHSEL

ENDE SO LANGE

STOP
```

Den gleichen Prozess veranschaulicht das Flussdiagramm auf der nächsten Seite.

Die Bedingungen

> ES GIBT EIN UNGLEICHARTIGES LAND und
> DIE SEIFERT-KREISE SIND NICHT VERSCHACHTELT

und die Befehle (*Makros*)

> MACHE PERESTROIKA und MACHE AUFLÖSUNG

sind oben erklärt. Allerdings sollten wir erläutern, wie das Makro

> MACHE UNENDLICHKEITSWECHSEL

funktioniert: Dazu nehmen wir einen der kleinsten nicht mit den anderen eingeschachtelten Seifert-Kreis und verlegen einen Punkt im Inneren dieses Kreises ins Unendliche.

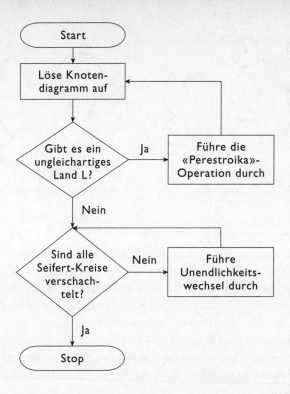

Wenden wir den Vogel-Algorithmus zunächst auf einen sehr einfachen, tatsächlichen trivialen Knoten an, um zu sehen, wie der Unendlichkeitswechsel vor sich geht (Abb. 10). Nach der ersten Auflösung ist zu erkennen, dass es kein ungleichartiges Land gibt und dass kein Seifert-Kreis eingeschachtelt ist. Daher führen wir den Befehl MACHE UNENDLICHKEITSWECHSEL aus, und zwar zweimal ([b] wird [c] und [c] wird [d]), damit wir einen umlaufenden Knoten (d) erhalten, den wir dann wie gehabt zu einem Zopf entrollen (e).

Abbildung 11 zeigt, wie der Vogel-Algorithmus einen Knoten mit fünf Kreuzungen in einen umlaufenden Knoten verwandelt.* Wir

---

* In der Knotentabelle (Abb. 6 auf S. 30) hat der Knoten die Nummer 5_2.

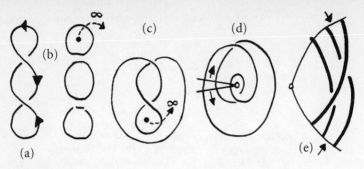

Abbildung 10 Vogel-Algorithmus auf einen Unknoten angewandt

durchlaufen zweimal die Schleife unseres «Computerprogramms», in der zweimal eine Perestroika ausgeführt werden ([c] und [e]); darauf folgt ein Unendlichkeitswechsel. Das Ergebnis (Abb. 11) ist ein umlaufender Knoten, auch wenn er eigentlich nicht danach aussieht. Um uns davon zu überzeugen, haben wir ihn noch zweimal umgezeichnet (Abb. 12 b, 12 c). Der Leser wird nun unschwer den umlaufenden Knoten der Abbildung 4a wiedererkennen – und hat bereits den gesuchten Zopf vor Augen, der in Abbildung 4b zu sehen ist.

Es ist nicht auf den ersten Blick auszumachen, dass der Algorithmus, der zwei prinzipielle gefährliche SO LANGE Schleifen enthält, in jedem Falle zum gewünschten Ergebnis führt. Doch das tut er, und zwar sehr schnell. Der Beweis, dass die zweite Schleife immer zum Abschluss kommt, ist leicht. Um diesen Beweis auch für die erste Schleife zu führen, musste sich Vogel allerdings höchst komplizierter Methoden aus dem Gebiet der algebraischen Topologie bedienen.

Um unser «Programm» in Software für einen echten Computer zu verwandeln, müssten wir natürlich die Knotendarstellungen so *kodieren*, dass der Rechner mit ihnen arbeiten könnte. Auf die Kodierung von Knoten gehen wir im Kapitel «Knotenarithmetik» nochmals ein.

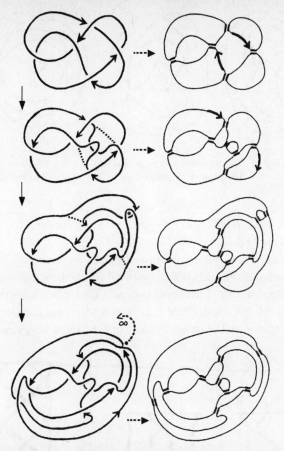

Abbildung 11 Vogel-Algorithmus auf den Knoten 5_2 angewandt

Die Zopfgruppe

Kehren wir zu den Zöpfen zurück. Zunächst einmal wollen wir eine Operation, das *Produkt*, in der Menge B_n aller Zöpfe mit derselben Strangzahl *n* definieren. Diese Operation besteht einfach darin, dass wir die Zöpfe an ihren Enden zusammenfügen (die oberen En-

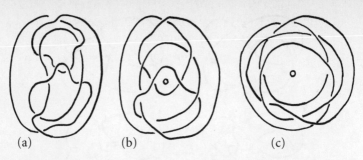

(a) (b) (c)

Abbildung 12 Der umlaufende Knoten aus Abb. 11, zum besseren Verständnis umgezeichnet

den des zweiten Zopfes mit den unteren Enden des ersten), wie in Abbildung 13 dargestellt.

Es zeigt sich, dass das Zopfprodukt etliche Eigenschaften besitzt, die denen des alltäglichen Zahlenprodukts ähneln. Erstens: Es gibt einen Zopf, der als «Einselement» dient (durch e bezeichnet), d. h. einen Zopf, der, wie die Zahl 1, nicht verändert, was mit ihm malgenommen wird. Das ist der *triviale* Zopf, dessen Stränge senkrecht

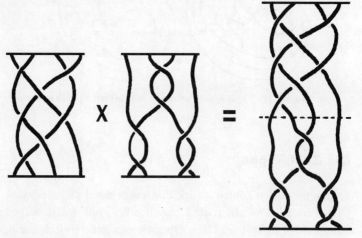

Abbildung 13 Produkt zweier Zöpfe

herunterhängen, ohne sich zu kreuzen. Wenn man einen trivialen Zopf an einen gegebenen Zopf anhängt, dann verlängern sich zwar seine Stränge, Art und Reihenfolge der Überkreuzungen ändern sich aber nicht – es handelt sich nach wie vor um denselben Zopf.

Zweitens: Für jeden Zopf b gibt es einen *inversen* Zopf, der mit b^{-1} bezeichnet wird und die Eigenschaft hat, dass sein Produkt mit b den trivialen Zopf ergibt, $b \cdot b^{-1} = e$ (genauso, wie jede Zahl n – außer Null – ein Inverses, ihren Kehrwert $n^{-1} = \frac{1}{n}$ hat, wobei das Produkt einer Zahl mit ihrem Kehrwert Eins ergibt, $n \cdot n^{-1} = 1$). Dieser Zopf ist, wie die Abbildung 14 zeigt, der Zopf, den wir erhalten, wenn wir den ursprünglichen Zopf (der im Bild von der gestrichelten Linie bis zur oberen durchgezogenen Linie reicht) an der unteren gestrichelten Befestigungslinie spiegeln. Tatsächlich hebt sich jede Kreuzung mit ihrem Spiegelbild auf, sodass alle Kreuzungen paarweise von der Mitte des neu entstandenen Zopfes aus nach und nach verschwinden.

Die dritte den Zöpfen und Zahlen gemeinsame Eigenschaft ist die *Assoziativität* des Produktes: Stets gilt $(a \cdot b) \cdot c = a \cdot (b \cdot c)$. Wenn auf eine Menge eine Operation angewendet wird, die diese drei genannten Eigenschaften besitzt, dann sprechen die Mathematiker

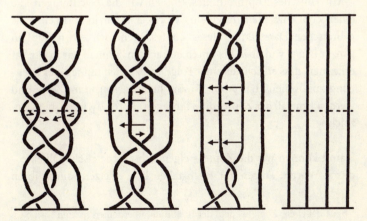

Abbildung 14 Produkt eines Zopfes mit seinem inversen Zopf

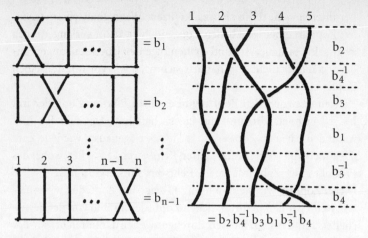

Abbildung 15 Algebraische Darstellung eines Zopfes

von einer *Gruppe*. Also haben wir soeben gezeigt, dass die *Zöpfe* mit n *Strängen* eine *Gruppe* bilden. Diese Gruppe nennen wir B_n.

Im Gegensatz zu den Zahlen ist die Zopfgruppe B_n (für n > 2) nicht *kommutativ*: Das Produkt zweier Zöpfe hängt im Allgemeinen von der Reihenfolge der Faktoren ab!

Mit Hilfe des Zopfproduktes können wir die Zeichnungen, die einen Zopf darstellen, durch ein «Wort» ersetzen, in Form einer algebraischen Darstellung dieses Zopfes. Wenn wir einen Zopf in ganzer Länge von oben bis unten betrachten, können wir in der Tat erkennen, dass er sich aus einer Folge von Zöpfen mit je einer Kreuzung zusammensetzt (Abb. 15). Sie heißen *elementare Zöpfe* und werden (im Fall der Zöpfe mit *n* Strängen) durch $b_1, b_2, \ldots b_{n-1}$ bezeichnet.

Damit können wir die Zöpfe – eigentlich geometrische Objekte – durch Wörter, Folgen der Buchstaben $b_i{}^*$, ersetzen: durch ihren

---

* b_i ist dabei der Zopf, bei dem der i-te Strang über seinen rechten Nachbarn kreuzt, während alle anderen Stränge ungestört durchlaufen.

algebraischen Kode. Erinnern wir uns zunächst, dass zwischen geometrischen Zöpfen eine Äquivalenzbeziehung besteht, die Isotopie. Was bedeutet diese auf algebraischer Ebene? Die Antwort auf diese Frage hat Artin geliefert, indem er zwei Folgen von algebraischen Relationen zwischen den Zopf-Wörtern fand, die ausreichen, um eine algebraische Beschreibung der Isotopie zu leisten. Diese Relationen sind die *Kommutativität für entfernte Zöpfe*

$$b_i b_j = b_j b_i, \text{ wenn } |i-j| \geq 2, \quad i, j = 1, 2, \ldots, n-1$$

und die *Artin-Relation* (oder *Zopf-Relation*)

$$b_i b_{i+1} b_i = b_{i+1} b_i b_{i+1}, \quad i = 1, 2, \ldots, n-2.$$

Ihre geometrische Interpretation zeigt die Abbildung 16. Mit ein bisschen räumlichem Vorstellungsvermögen wird deutlich, dass diese Beziehungen für die Zöpfe gültig sind, d. h., dass sie den Isotopien durchaus entsprechen.

Weniger deutlich ist – und das ist ein Ergebnis von grundsätzlicher Bedeutung, das wir Artin verdanken –: Beide Beziehungen (wenn man noch die *trivialen Beziehungen** $b_i b_i^{-1} = e = b_i^{-1} b_i$ hinzunimmt, die ebenfalls in Abbildung 16 dargestellt sind) sind hinreichend, um die geometrischen Operationen, die mit der Isotopie zusammenhängen, durch algebraische Operationen zu ersetzen, die auf Zopf-Wörter wirken. Laut Definition liegt eine *zulässige Operation* vor, wenn wir einen Wortteil, der einer der Seiten einer der in Abbildung 16 dargestellten Gleichungen entspricht, durch den Ausdruck der anderen Seite derselben Gleichung ersetzen. Es folgt ein Beispiel für zulässige Operationen in der Gruppe der viersträngigen Zöpfe B_4:

$$b_3^{-1}(b_2 b_3 b_2) b_3^{-1} = b_3^{-1} b_3 b_2 b_3 b_3^{-1} = (b_3^{-1} b_3) b_2 (b_3 b_3^{-1})$$
$$= e b_2 e = b_2.$$

---

* Sie werden so genannt, weil sie in jeder beliebigen Gruppe gelten, nicht nur in der Zopfgruppe B_n.

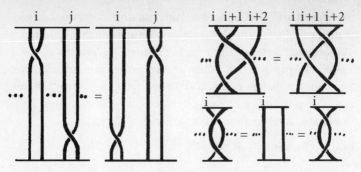

Abbildung 16 Relationen in der Gruppe der Zöpfe

(Um die Lektüre dieser Formel zu erleichtern, habe ich die Teile des Wortes in Klammern gesetzt, die beim Übergang zum nächsten Ausdruck durch gleichwertige Wortteile ersetzt werden.)

Exakter formuliert, besagt der Satz von Artin dann: *Zwei Zöpfe sind dann und nur dann isotop, wenn sich das Wort, das einen von ihnen darstellt, durch eine Reihe zuverlässiger Operationen in das Wort umformen lässt, das den anderen Zopf darstellt.*

Die Bedeutung dieses Satzes liegt darin, dass er die geometrische Untersuchung der Zöpfe auf ihre – unter Mathematikern als leistungsfähig bekannte – algebraische Untersuchung zurückführt. Dank dieser algebraischen Behandlung der Zöpfe konnte Artin sie klassifizieren, also einen *Vergleichsalgorithmus* finden, der uns bei jedem Zopfpaar durch ein «Nein» mitteilt, dass sie nicht isotop sind, und durch ein «Ja» kenntlich macht, dass sie es sind (wobei er uns im letzteren Fall auch gleich eine Folge von zulässigen Operationen liefert, die vom einen zum anderen Zopf führen).

Klassifizierung der Zöpfe

Wir werden hier darauf verzichten, die Algorithmen für den Vergleich von Zöpfen genauer zu beschreiben – weder den von Artin (der die hübsche englische Bezeichnung *Combing** trägt) noch den weit einfacheren und leistungsfähigeren, der unlängst von dem französischen Mathematiker Patrick Dehornoy entdeckt wurde. Der Leser, der an einer einfachen Darstellung interessiert ist, sei auf die Bibliographie verwiesen. Doch um Ihnen die Leistungsfähigkeit der algebraisch-algorithmischen Methoden vor Augen zu führen, habe ich mehr oder minder zufällig ein Beispiel für eine derartige Rechnung auf meinem Computer ablaufen lassen (der auf einem entlegenen Winkel seiner Festplatte ein Programm enthält, das den Algorithmus von Dehornoy ausführt). Diese Rechnung, die in der Gruppe der Zöpfe B_4 stattfindet und die (lesbareren) Notationen a, A, b, B, c, C für die elementaren Zöpfe b_1, b_1^{-1}, …, b_3^{-1} verwendet, zeigt, dass ein Zopf mit vier Strängen, der zunächst sehr kompliziert aussieht, in Wirklichkeit der triviale Zopf ist.

Zum Vergleich kann der Leser den gegebenen Zopf zeichnen und versuchen, ihn geometrisch zu entwirren – ein Vergleich, der sich sicherlich nicht dazu eignet, das Selbstbewusstsein des Rechnenden aufzubauen, hat sich mein Laptop dieser Aufgabe doch in weniger als einer Zehntelsekunde entledigt.

---

* Kämmen, Entwirren.

 ABBAAAAA[Abbbbbbbbcba]AccBCaBBBBBBaaaaaaBB
$=$ ABBAAAAA[Aba]aaaaaaaBcbaBAccBCaBBBBBBaaaaaaBB
$=$ ABBAAAAA[Aba]BaaaaaaaBcbaBAccBCaBBBBBBaaaaaaBB
$=$ ABBAAAA[Aba]BBBaaaaaaaBcbaBAccBCaBBBBBBaaaaaaBB
$=$ ABBAAA[Aba]BBBaaaaaaaBcbaBAccBCaBBBBBBaaaaaaBB
$=$ ABBA[Aba]BBBBaaaaaaaBcbaBAccBCaBBBBBBaaaaaaBB
$=$ ABB[Aba]BBBBBaaaaaaaBcbaBAccBCaBBBBBBaaaaaaBB
$=$ [ABa]BBBBBBaaaaaaaBcbaBAccBCaBBBBBBaaaaaaBB
$=$ b[ABBBBBBBa]aaaaaaBcbaBAccBCaBBBBBBaaaaaaBB
$=$ bbAAAAAAA[ABa]aaaaaBcbaBAccBCaBBBBBBaaaaaaBB
$=$ bbAAAAAAb[ABa]aaaaBcbaBAccBCaBBBBBBaaaaaaBB
$=$ bbAAAAAAbb[ABa]aaaBcbaBAccBCaBBBBBBaaaaaaBB
$=$ bbAAAAAAbbb[ABa]aaBcbaBAccBCaBBBBBBaaaaaaBB
$=$ bbAAAAAAbbbb[ABa]aBcbaBAccBCaBBBBBBaaaaaaBB
$=$ bbAAAAAAbbbbb[ABa]BcbaBAccBCaBBBBBBaaaaaaBB
$=$ bbAAAAAAbbbbbbAB[Bcb]aBcbaBAccBCaBBBBBBaaaaaaBB
$=$ bbAAAAAAbbbbbbA[Bcb]CaBcbaBAccBCaBBBBBBaaaaaaBB
$=$ bbAAAAAAbbbbbbAcbCC[aA]ccBCaBBBBBBaaaaaaBB
$=$ bbAAAAAAbbbbbbAcb[CCcc]BCaBBBBBBaaaaaaBB
$=$ bbAAAAAAbbbbbbA[cbBC]aBBBBBBaaaaaaBB
$=$ bbAAAAAAbbbbbb[Aa]BBBBBBaaaaaaBB
$=$ bbAAAAAA[bbbbbbBBBBBB]aaaaaaBB
$=$ bb[AAAAAAaaaaaa]BB $=$ [bbBB] $=$ e

Lassen sich Knoten mit Hilfe der Zöpfe klassifizieren?

Nach dem Satz von Alexander ist jeder Knoten die Schließung eines Zopfes, und wir haben soeben gesehen, dass man die Zöpfe klassifizieren kann. Vermag man aus diesen beiden Tatsachen die Klassifikation von Knoten abzuleiten? Etliche Mathematiker mit nicht wenig Talent* haben sich dieser Hoffnung hingegeben. Das hat zu

---

* Unter ihnen mit Gewissheit der Russe Markow, der Amerikaner John Birman, vielleicht auch der Amerikaner Thurston – und Artin selbst.

einer Geschichte voller Überraschungen geführt, die in den dreißiger Jahren begonnen hat und möglicherweise noch nicht beendet ist. Doch da das Kapitel bereits viel zu lang geworden ist, verweise ich den Leser, der sich für Derartiges begeistern kann, auf Dehornoy (1997).

Ebene Knotendiagramme

(KURT REIDEMEISTER, 1928)

In den zwanziger Jahren begann der deutsche Mathematiker Kurt Reidemeister, der später mit dem berühmten Werk «Knotentheorie» das erste Buch zu diesem Thema schreiben sollte, eine eingehende Untersuchung der Knoten. Wie kann man sie klassifizieren? Dieses Problem – die Systematisierung der möglichen Lagen einer Kurve im Raum – erwies sich als äußerst vertrackt.

Der analytische Ansatz, die Definition von Knoten durch Gleichungen, führt zu keinem Ergebnis. Der kombinatorische Ansatz, die Definition eines Knotens als geschlossener Polygonzug mit Hilfe der Koordinaten seiner aufeinander folgenden Ecken, auch nicht. In beiden Fällen bieten die den Knoten beschreibenden Größen keine Möglichkeit, ihn zu betrachten oder zu manipulieren. In der Praxis muss man einen Knoten zeichnen, um ihn zu betrachten: Man projiziert die Knotenkurve auf eine angemessen gewählte Ebene, markiert an jeder Kreuzung, welcher Strang oben und welcher Strang unten liegt, und erhält auf diese Weise ein so genanntes *Knotendiagramm*. Wenn man die Lage der Schnur, die einen gegebenen Knoten darstellt, kontinuierlich verändert, ist auch sein Diagramm kontinuierlichen Veränderungen unterworfen, die es uns ermöglichen, die räumlichen Lageänderungen zu verfolgen. Lässt sich der Vorgang auch umkehren, lassen sich also *in der Projektion* kontinuierliche Veränderungen vornehmen, sodass man Projektionen erhält, die allen möglichen Lagen der Schnur im Raum entsprechen? So lautet die Frage, die sich Reidemeister stellte.

Seine Antwort lautete folgendermaßen: Es genügt, auf das Diagramm endlich viele Male hintereinander Operationen wie die in Abbildung 1 gezeigten anzuwenden. Ergänzt wurden die Operationen lediglich durch so genannte *triviale ebene Manipulationen*, also

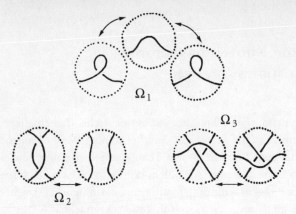

Abbildung 1 Reidemeister-Bewegungen

durch kontinuierliche Veränderungen des Knotendiagramms, bei denen sich die Zahl und die relative Lage der Kreuzungen nicht verändern.

Die drei abgebildeten Operationen (Abb. 1) werden heute *Reidemeister-Bewegungen* genannt. Man bezeichnet sie durch die Symbole $\Omega_1, \Omega_2, \Omega_3$. Sie entsprechen den folgenden Veränderungen an einem Knoten(diagramm):

- Ω_1: Auftreten (Verschwinden) einer kleinen Schlaufe;
- Ω_2: Auftreten (Verschwinden) einer Doppelkreuzung;
- Ω_3: Verlegung eines dritten Strangs von der einen Seite einer Kreuzung auf die andere.

Die folgende Abbildung, die einen Entknotungsvorgang darstellt, zeigt, wie sich die Manipulation eines ebenen Knotendiagramms in aufeinander folgenden Reidemeister-Bewegungen zerlegen lässt.

Der Prozess beginnt mit dem Auftreten einer Doppelkreuzung im Diagramm (Abb. 2a). Es folgt die Verlegung eines Stranges von der einen Seite einer Kreuzung auf die andere (Abb. 2b), das Verschwinden einer weiteren Doppelkreuzung (Abb. 2c), das Ver-

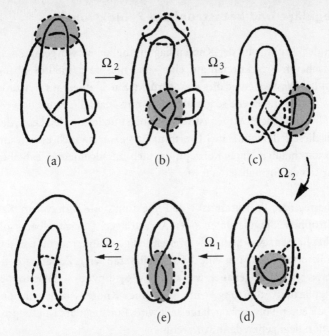

Abbildung 2 Entknotung durch Reidemeister-Bewegungen

schwinden einer kleinen Schlaufe (Abb. 2d) und schließlich das Verschwinden einer letzten Doppelkreuzung (Abb. 2e). Der Leser wird bemerkt haben, dass wir zusätzlich zu den Reidemeister-Bewegungen jeweils triviale ebene Manipulationen ausgeführt haben, die die nachfolgende Reidemeister-Bewegung vorbereiten (und die, wie wir uns erinnern, weder die Zahl noch die relative Lage der Kreuzungen verändern).

Um zu verstehen, woher die Reidemeister-Bewegungen kommen und warum sie hinreichend sind, müssen wir uns noch ein wenig mit Knotenprojektionen beschäftigen.

Reguläre und katastrophale Projektion

Bei der Einführung der Knotendiagramme haben wir gesagt, dass es sich um Projektionen auf eine «angemessen gewählte» Ebene handle. Was bedeutet dieser Ausdruck? Ein Mathematiker würde sagen, dass die Ebene so gewählt sein muss, dass die Projektion *regulär* ist. Solche Exaktheit ist vollkommen nutzlos für den Leser, der mit diesem Terminus nicht vertraut ist.* Zwar handelt es sich um ein anschaulich klares Konzept, das sich im allgemeinen Fall aber nur schwer formalisieren lässt.

Eine reguläre Projektion ist eine Projektion ohne *vermeidbare* Katastrophen, Singularitäten oder Ausartungen («vermeidbar» soll dabei heißen, dass man sich ihrer entledigen kann, indem man das projizierte Objekt um eine Winzigkeit verändert). Zunächst definieren wir etwas genauer, was alle diese Synonyme – Katastrophe, Singularität, Ausartung – im Falle eines Knotens bedeuten, der durch einen Polygonzug dargestellt wird. Eine reguläre Knotenprojektion liegt genau dann vor, wenn

(1) nirgends zwei (oder mehr) Ecken auf ein und denselben Punkt projiziert werden;
(2) nirgends eine Ecke (oder mehrere) auf die Projektion eines Streckenzugs fallen (zu der sie nicht gehören);
(3) an keiner Stelle drei (oder mehr) Punkte des Knotens auf ein und denselben Punkt projiziert werden.

Die Existenz einer solchen Projektion für einen beliebigen Knoten ist anschaulich, klar und lässt sich sehr leicht beweisen:** Man ent-

---

* Besonders in der Singularitätentheorie, oft auch Katastrophentheorie genannt, deren Grundlagen zwischen den Weltkriegen von dem Amerikaner Hassler Whitney entwickelt wurden. Später wurde die Theorie von dem Franzosen René Thom, dem Russen Wladimir Arnold und dessen Schülern fortgeführt.
** Für den mathematisch bewanderten Leser sei angemerkt, dass der Beweis der analogen Aussage für einen Knoten, der durch eine differenzierbare Kurve

ledigt sich jeder dieser «verbotenen Katastrophen», indem man eine Ecke des Knotens etwas verlagert.

Halten wir fest, dass sich diese drei Katastrophen von der «Katastrophe» der *Kreuzung* unterscheiden, zu der es kommt, wenn zwei Punkte, die keine Eckpunkte sind, sondern *im Innern* von Streckenzügen liegen, auf ein und denselben Punkt projiziert werden: Diese Katastrophe ist dann unvermeidlich, wenn jede kleine Modifikation des Knotens die Position der Kreuzung im Diagramm zwar ein wenig verändert, die Kreuzung aber nicht im Ganzen beseitigt.

Halten wir weiterhin fest, dass die Katastrophen (2) und (3) in gewissem Sinne die am häufigsten auftretenden Katastrophen sind: In der Gesamtheit der Projektionen sind sie aber trotzdem eine Ausnahmeerscheinung, jedoch, wenn man so will, die alltäglichste aller Ausnahmeerscheinungen. Denn natürlich gibt es seltenere Katastrophen (auch sie sind verboten, weil sie Sonderfälle der Katastrophen [1], [2], [3] sind). Beispielsweise können 17 Punkte, darunter 5 Ecken, auf einen einzigen Punkt projiziert werden und 7 Streckenzüge (senkrecht zur Projektionsebene) zu einem einzigen Punkt ausarten und so fort.

Wie Abbildung 3 zeigt, entsprechen die Reidemeister-Bewegungen den am wenigsten seltenen, verbotenen Katastrophen.

So sehen wir oben eine Katastrophe vom Typ (2), in deren Verlauf der Eckpunkt A des Streckenzuges AB (der sich verlagert) vorübergehend auf einen Punkt im Inneren der Projektion des Streckenzuges BC projiziert wird; das entspricht dem Verschwinden einer kleinen Schleife in der Projektion (dem Knotendiagramm), d. h. der Bewegung Ω_1. Rechts in der Abbildung 3 a wird diese Bewegung symbolisch in der Art von Abbildung 1 dargestellt. Wenn der scharfsinnige Leser anschließend die Zeichnungen (b) und (c) der Abbildung 3 betrachtet, erkennt er, dass eine Katastrophe vom Typ (2) die Bewegung Ω_2 und eine Katastrophe vom Typ (3) die Bewegung Ω_3 hervorbringen kann.

---

dargestellt wird, sehr viel schwieriger ist und einigen technischen Aufwand erfordert.

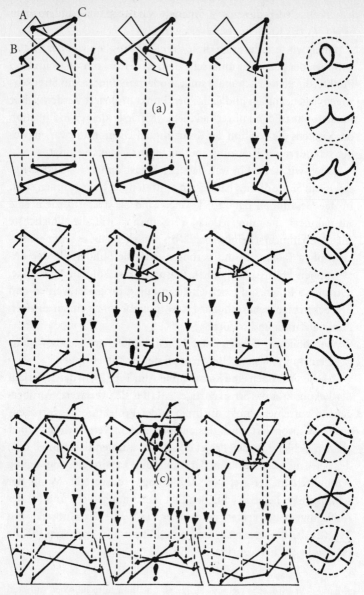

Abbildung 3 Katastrophen und Reidemeister-Bewegungen

Hinlänglichkeit der Reidemeister-Bewegungen

Da wir nun wissen, woher die Reidemeister-Bewegungen kommen, sind wir in der Lage, das wichtigste Ergebnis zu erörtern: *Lässt sich ein Knoten kontinuierlich in einen anderen Knoten verformen, so lässt sich dasselbe Resultat ebenso gut mit einer kontinuierlichen Verformung erreichen, deren Projektion ausschließlich aus Reidemeister-Bewegungen und trivialen ebenen Deformationen des Knotendiagramms besteht.*

Diese Aussage bedeutet, dass sich alle räumlichen Manipulationen von Knoten untersuchen lassen, indem man ihre Diagramme in der Ebene trivialen ebenen Manipulationen unterwirft und zusätzlich Reidemeister-Bewegungen anwendet. Damit hat Reidemeister das dreidimensionale und ziemlich abstrakte Problem der Äquivalenz von Knoten (und die Frage, welche Knotenkurven sich nur durch ihre Lage im Raum unterscheiden) auf ein zweidimensionales und darüber hinaus viel konkreteres Problem zurückgeführt.

Bevor wir der Frage nachgehen, welche Vorteile der Satz von Reidemeister für die Untersuchung (und vor allem die Klassifikation) von Knoten bringt, wollen wir kurz auf seinen Beweis zu sprechen kommen. Unglücklicherweise (oder glücklicherweise, das hängt vom Standpunkt ab!) sind diejenigen, die ich kenne, nicht einfach genug, um den Kriterien dieses Buches zu genügen. Für Leser, die sich ein bisschen besser in der Mathematik auskennen, genügt es, sich eine elementare Deformation (vergleiche Kapitel eins) genauer anzusehen. Katastrophen der ersten Art lassen sich durch unwesentliche kontinuierliche Veränderungen der Deformation vermeiden, sodass man sich lediglich über die Katastrophen (2) und (3) – die am wenigsten seltenen Katastrophen – Gedanken machen muss. Diese aber entsprechen gerade den Reidemeister-Bewegungen.

Klassifiziert der Satz von Reidemeister die Knoten?

Versetzen wir uns in die Lage von Reidemeister und versuchen, die Begeisterung nachzuempfinden, die ihn nach dem Beweis seines Satzes erfüllt. Beflügelt von dieser Leistung, nehmen wir uns vor, die Knoten zu klassifizieren und einen Algorithmus zu entwickeln, der entscheidet, ob zwei Knotendiagramme äquivalente Knoten darstellen oder nicht – eine Fragestellung, die wir das *Vergleichsproblem* nennen wollen.

Nehmen wir den ersten Knoten und vergleichen ihn mit dem zweiten. Wenn Zahl und Art der Kreuzungen sowie ihre relativen Positionen gleich sind, dann sind die Knoten äquivalent, und wir haben gewonnen. Wenn nicht, wenden wir eine (zufällig ausgewählte) Reidemeister-Bewegung auf den ersten Knoten an und vergleichen das Ergebnis erneut mit dem zweiten. Wenn sie gleich sind, haben wir wiederum gewonnen. Wenn nicht, müssen wir den ersten modifizierten Knoten im Gedächtnis behalten und auf ihn eine weitere Reidemeister-Bewegung anwenden, dann einen erneuten Vergleich durchführen und so fort. Wenn alle Reidemeister-Bewegungen, die man auf den ersten Knoten anwenden kann, ergebnislos bleiben, müssen wir zum ersten und erstmals veränderten Knoten zurückkehren und auf ihn (zum zweiten Mal) eine andere Bewegung anwenden, vergleichen und entsprechend fortfahren. Wenn die beiden Knoten äquivalent sind, erhalten wir früher oder später eine Folge von Reidemeister-Bewegungen, die vom ersten zum zweiten Knoten führen.

Der oben beschriebene Algorithmus lässt sich leicht auf einem Computer, selbst einem mit wenig Kapazität, durchführen. So befindet sich auf dem bescheidenen Laptop, auf dem ich gerade den vorliegenden Text schreibe, unter anderem ein Programm, das Knoten entknoten kann (indem es sie auf die im vorangehenden Absatz beschriebene Weise mit dem Unknoten vergleicht).* Ist das Problem der Knotenklassifikation damit gelöst?

Ganz gewiss nicht. Aus dem einfachen Grund, weil der oben beschriebene Algorithmus, wenn er auf zwei nicht äquivalente Knoten angewendet wird, nie zu einem Ergebnis führt: Er setzt sich endlos fort, ohne jemals eine Antwort zu liefern. Der Benutzer steht vor einem Entscheidungsdilemma: Wenn das Programm kein Ergebnis auswirft, nachdem es – sagen wir – einen ganzen Tag lang gearbeitet hat, ist dann der gegebene Knoten nichttrivial oder benötigt der Rechner nur noch mehr Zeit, um die Folge von Operationen zu finden, die zur Entknotung führt?

Müssen wir also die Idee von Reidemeister verwerfen? Noch nicht, denn es gibt eine andere Überlegung, die vielleicht einen Ausweg zeigt. Diese Überlegung hat auch Reidemeister, dessen bin ich sicher, irgendwann angestellt und dabei jenes außerordentliche Empfinden verspürt, das Wissenschaftler in der Forschung gelegentlich überkommt – das Empfinden, unmittelbar vor der Entdeckung, an der Schwelle der Erkenntnis zu stehen. (Verschweigen will ich aber nicht, dass dieser Empfindung selbst bei den Besten unter uns häufig Enttäuschung folgt, die sich einstellt, wenn man sieht, dass sich die Idee als unzureichend oder irreführend erweist.)

Die Idee ist sehr einfach: Die Bewegungen Ω_1, Ω_2, Ω_3 können die Zahl der Kreuzungen entweder verringern (Verschwinden einer kleinen Schleife, Verschwinden einer Doppelkreuzung) oder erhöhen (Auftreten der Schleife oder der Doppelkreuzung) oder auch unverändert lassen (Ω_3: Strangverlegung von einer Seite der Kreuzung zur anderen). Da es um Entknotung geht, also um die Vereinfachung des Knotens, wollen wir unseren Algorithmus dahin gehend verändern, dass wir die Bewegungen Ω_1 und Ω_2 lediglich dann anwenden, wenn sie die Zahl der Kreuzungen verrin-

---

* Der Leser fragt sich vielleicht, wie der Rechner es anstellt, Knoten zu «sehen». Tatsächlich gibt es mehrere brauchbare Methoden zur «Kodierung» von Knoten. Das Verfahren, das ich in meinem Entknotungsprogramm verwende, liefert beispielsweise folgende Beschreibung vom linkshändigen Kleeblattknoten (siehe Abb. 2 auf S. 26 links): 1+−2−−3+−1−−2+−3−. Mein Computer versteht das. Errät der findige Leser das Kodierungsprinzip?

gern.* Damit ist sichergestellt, dass die Zahl der Kreuzungen im Laufe der Prozedur abnehmen kann und dass der (solcherart «verbesserte») Algorithmus immer zu einem Ende kommt: Entweder bleiben keine Kreuzungen übrig (dann war der vorgegebene Knoten trivial, d. h. ein Unknoten), oder es ist keine der erlaubten Bewegungen mehr anwendbar. Im letzteren Fall, so könnte man meinen, war der Knoten eben nichttrivial, doch leider ist diese Annahme, so plausibel sie klingen mag, falsch. In Wirklichkeit gelingt es nicht immer, einen Knoten zu entknoten, indem man ihn bei jeder Entknotungsetappe vereinfacht und die Zahl seiner Kreuzungen verringert: Manchmal muss man die Zahl der Kreuzungen im Knotendiagramm zwischenzeitlich vergrößern, bevor man einen Knoten bis zum Unknoten vereinfachen kann!

Ein Beispiel für einen solchen nicht zu vereinfachenden Unknoten (den man nur entknoten kann, indem man zunächst die Kreuzungszahl erhöht) zeigt Abbildung 4.

Die Hoffnung, eine einfache und wirksame Methode zur Klassifikation von Knoten mit Hilfe des Satzes von Reidemeister zu finden, war also zu optimistisch.

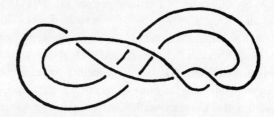

Abbildung 4 Unknoten, der sich nicht vereinfachen lässt, ohne die Kreuzungszahl zu erhöhen

* Hier muss angemerkt werden, dass die Zahl verschiedener Anwendungen von Ω_3 für eine Projektion eines gegebenen Knotens endlich ist. Im Übrigen darf das Programm nicht den Fehler begehen, auf eine konkrete Anwendung von Ω_3 die gleiche Anwendung in umgekehrter Richtung folgen zu lassen, denn dann könnte eine unendliche und nutzlose Programmschleife in der Software auftreten.

Abbildung 5 Der «gordische Knoten» von Wolfgang Haken

Daraus folgt, dass die Herstellung von schlecht zu entknotenden Unknoten ein wichtiger Aspekt bei der Suche nach Entknotungsalgorithmen geworden ist. Ein besonders eindrucksvolles Beispiel für einen solchen schwer aufzulösenden Knoten zeigt Abbildung 5. Dieses Beispiel stammt von dem deutschen Mathematiker Wolfgang Haken. Ihm ist es übrigens gelungen, das Entknotungsproblem zu lösen (Haken, 1958), doch sein Algorithmus, der zu kompliziert für ein Computerprogramm ist, beruht auf einem ganz anderen Gedankengang.

Was bleibt vom Reidemeister-Satz?

Das Scheitern naiver Hoffnungen bedeutet nicht, dass der Satz von Reidemeister lediglich einen Algorithmus hervorbringt, der zu kompliziert für die Praxis ist, oder dass dieses Theorem einfach ein weiteres Beispiel für den imposanten Fehlschlag eines theoretischen Ansatzes ist.

In der Theorie, die sich in der Folgezeit entwickelte, nahm der Satz von Reidemeister eine ganz wichtige Stellung ein, vor allem bei der Untersuchung von so genannten Knoteninvarianten, die von dem Neuseeländer Vaughan Jones, dem Amerikaner Louis Kauffman und ihren Nachfolgern ausgearbeitet wurden (siehe das Kapitel «Jones-Polynom und Spin-Modelle»). Um zu beweisen, dass eine Funktion von Knotendiagrammen tatsächlich eine Knoteninvariante ist, muss man beweisen, dass sich diese Funktion während des gesamten Prozesses der Knotenmanipulation nicht verändert – und dass sie nur vom Knoten selbst, nicht aber von seiner Lage im Raum abhängt. Dazu aber genügt nach dem Satz von Reidemeister die Feststellung, dass die Funktion sich nicht verändert, wenn man auf das Diagramm die Bewegungen $\Omega_1, \Omega_2, \Omega_3$ anwendet. Da diese konkreten Bewegungen sehr einfach sind, lassen sie sich im Allgemeinen ganz leicht überprüfen.

Aber da ist auch noch ein anderer Aspekt: Das oben beschriebene Scheitern des Algorithmus ist relativ. Zwar ist er, theoretisch betrachtet, kein echter Entknotungsalgorithmus (da nicht garantiert ist, dass er nach endlich vielen Schritten eine Antwort liefert), doch aus praktischer Sicht kann er ein sehr brauchbares Werkzeug sein, weil er einem (hinreichend leistungsfähigen) Computer ermöglicht, Knoten zu entwirren, die man «von Hand» schwerlich lösen könnte ... Dies gilt zumindest, wenn man sich nicht jenes Algorithmus bedienen will, den Alexander der Große mit so durchschlagendem Erfolg auf den Gordischen Knoten anwandte: ihn zu durchtrennen!

Knotenarithmetik

(HORST SCHUBERT, 1949)

Arithmetik mit *Knoten*? Das ist durchaus vorstellbar. Denn nicht nur für die natürlichen Zahlen 1, 2, 3, 4, 5, ... gilt, dass sie sich multiplizieren und in ihre Primfaktoren zerlegen lassen. Das trifft auch auf andere mathematische Objekte zu, und insbesondere eben auf Knoten. Deren Arithmetik ist zudem derjenigen der natürlichen Zahlen zum Verwechseln ähnlich, mit einer *kommutativen* Multiplikation, auch *Zusammensetzung* genannt, und einem Satz über die eindeutige *Primfaktoren*-Zerlegung. Der Beweis dieses Grundprinzips, von dessen Existenz viele Wissenschaftler ausgingen, erwies sich als schwierig (genauso wie übrigens das entsprechende Prinzip bei den Zahlen) und wurde erst 1949 von dem deutschen Mathematiker Horst Schubert erbracht.

Wie sich jede ganze Zahl eindeutig in Primfaktoren zerlegen lässt (z. B. 84 = 2 · 2 · 3 · 7), ist jeder Knoten, beispielsweise jener in Abbildung 1 links, eine (eindeutige) Zusammensetzung aus Primknoten, wie der Blick auf die rechte Seite derselben Abbildung zeigt (in diesem Fall handelt es sich um die Zusammensetzung von zwei *Kleeblattknoten* und einem *Türkischen Bund*).

Dem aufmerksamen Leser dürfte nicht entgangen sein, dass es

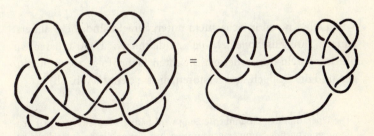

Abbildung 1 Zerlegung eines Knotens in seine Primknoten

sich bei der *Zusammensetzung* von Knoten im Wesentlichen darum handelt, sie aneinander zu fügen (Gleiches gilt für die Zöpfe, wie wir im Kapitel «Knoten und Zöpfe» bereits gesehen haben). Um diese Operation etwas eingehender zu beschreiben, trennen wir die Knoten, die, wie wir uns erinnern, als geschlossene Kurven im dreidimensionalen Raum beschrieben werden, auf und verlegen sie in Schachteln: Nun sehen wir jeden Knoten als eine Schnur, die im Inneren einer würfelförmigen Schachtel verschlungen und mit ihren Enden an zwei gegenüberliegenden Seiten der Schachtel befestigt ist (Abb. 2a). Wir überlassen es dem der Mathematik bereits verfallenen Leser, diese intuitive Beschreibung in eine streng mathematische Definition zu verwandeln. Es ist leicht zu erkennen, wie man verfahren muss, um aus einem Knoten in einer Schachtel einen Knoten zu machen, der aus einer geschlossenen Kurve besteht. Dazu genügt es, die beiden Enden durch eine Schnur außerhalb der Schachtel direkt zu verbinden und umgekehrt.

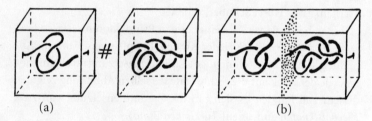

(a)   (b)

Abbildung 2 Zusammensetzung von Knoten, die in Schachteln «leben»

Wenn alle Knoten in Schachteln untergebracht sind, ist es äußerst einfach, ihre *Zusammensetzung** zu definieren: Dazu müssen wir die Schachteln nur in der gewünschten Reihenfolge zusammenfügen und die Doppelwand zerstören, die sie trennt (Abb. 2b).

---

* Die Operation der Zusammensetzung wird häufig (und zu Unrecht!) «zusammenhängende Summe» genannt; wir vermeiden diese unglückliche Bezeichnung.

Zunächst wollen wir die wichtigsten Eigenschaften der Zusammensetzung von Knoten untersuchen. Die erste ist die *Assoziativität*, nach der Folgendes gilt:

(a # b) # c = a # (b # c),

wobei das Symbol # die Zusammensetzung von Knoten bezeichnet. Diese Formel besagt, dass wir, wenn wir zuerst die beiden Knoten a und b zusammensetzen und dann den resultierenden Knoten von links mit dem dritten Knoten c verbinden, das gleiche Resultat erhalten, als wenn wir zunächst die beiden Knoten b und c zusammensetzen und dann den resultierenden Knoten von rechts mit a zusammensetzen. Die Aussage ist anschaulich klar, weil sie bedeutet, dass man in beiden Fällen die drei Knotenschachteln zusammenfügt und dann die beiden Wände beseitigt (in unterschiedlicher Reihenfolge, gewiss, aber mit gleichem Ergebnis).

Eine weitere Eigenschaft ist die Tatsache, dass es den Unknoten gibt, in der Regel durch 1 bezeichnet. Für ihn gilt

a # 1 = a = 1 # a.

Er verändert also nichts an einem Knoten, mit dem man ihn zusammensetzt – genauso wenig, wie eine Zahl durch die Multiplikation mit 1 verändert wird. Natürlich ist dies der «nichtverknotete» Knoten, den man sich als horizontale Gerade in seiner quadratischen Schachtel vorstellen muss. Wenn man eine solche Schachtel mit der eines beliebigen Knotens zusammenfügt, verändert man definitiv nichts am Typ dieses Knotens.

Die folgende Eigenschaft stellt sich komplizierter dar und bekommt deshalb einen eigenen Abschnitt.

Kommutativität der Zusammensetzung von Knoten

Wie die Multiplikation von Zahlen ist die Zusammensetzung zweier Knoten *kommutativ* (d. h., sie hängt nicht von der Reihenfolge der Faktoren ab):

a # b = b # a.

Diese Beziehung ist keineswegs anschaulich klar, doch ihr Beweis, der schematisch in Abbildung 3 wiedergegeben ist, wird dem Leser sicherlich Vergnügen bereiten.

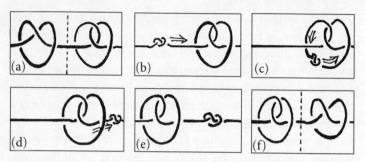

Abbildung 3 Die Zusammensetzung hängt nicht von der Reihenfolge der Knoten ab

Was geschieht in der Bildfolge? Zunächst zieht man an den Enden der Schnur, die den ersten Knoten bildet, und erhält ein winziges, zusammengezogenes Knötchen (Abb. 3b). Daraufhin lässt man den kleinen Knoten zunächst an der eigenen Schnur entlanggleiten, dann an der Schnur, die den zweiten Knoten bildet (3c). Der kleine Knoten durchläuft, die Schnur weiterhin entlanggleitend, den großen Knoten, bis er sich rechts von ihm befindet (3d). Schließlich verlegt man den zweiten Knoten in die erste Schachtel, dann lockert man den ersten Knoten. Und siehe da: Das Kunststück ist vollbracht (3f).

Die Schwierigkeit, sich vorzustellen, wie ein Knoten auf einer Schnur «entlanggleiten» kann, lässt sich am einfachsten veranschaulichen, indem man eine gut geeignete Schnur nimmt – ein Schuhband dürfte es tun – und das Manöver ausführt. Der Umstand, dass bestimmte Organismen diesen Vorgang selbsttätig am eigenen Leib ausführen, gibt uns Gelegenheit zu einem weiteren Ausflug in die Biologie.

Exkurs: Der Fisch mit dem gleitenden Knoten

Der seltsame Fisch, um den es sich handelt, heißt *Myxine glutinosa* und gehört zur Familie der Inger oder Schleimaale. Er lebt in großen Tiefen der gemäßigten Zonen, ist mit einem biegsamen Knorpelgerüst ausgestattet und sondert ein schleimiges, säurehaltiges Sekret ab, mit dem er den gesamten Körper bedeckt, wenn ihm ein Raubfisch nach dem Leben trachtet. Dazu schlägt er mit einer sehr raschen Bewegung einen Knoten in seinen Schwanz und lässt diesen den gesamten Körper hinaufwandern. Auf diese Weise verteilt der Aal das Sekret, das er gleichzeitig absondert, über die ganze Länge seines Körpers (Abb. 4a).

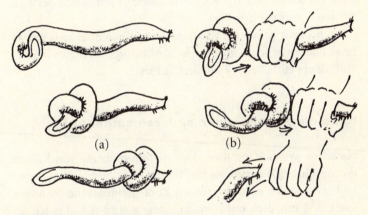

Abbildung 4 Der Knoten des Schleimaals

Ergreift man einen solchen Schleimaal, entgleitet er einem in kürzester Zeit aus den Händen. Nicht nur, weil ihn sein öliges Sekret umgibt, sondern auch dank seines Knotens, den er nach vorne verlagert, indem er sich kraftvoll von der Faust abstößt, während sein Kopf nach hinten gleitet und er entkommt (Abb. 4b). Diese Bewegung, die durch die Verlagerung der verknoteten Körperregion hervorgerufen wird, ermöglicht dem Aal, auch andere lebenswichtige Funktionen wahrzunehmen, z. B. größere Nahrungsbrocken aus seiner Beute zu reißen. Der Inger ist Nekrophage und lässt von seiner Beute nur die Haut und das Skelett übrig.

Ist die Gefahr schließlich vorüber, befreit er sich von der Sekretschicht (sonst würde er in seinem Schleimkokon ersticken), indem er den Knoten erneut vom Schwanz zum Kopf gleiten lässt. (Zu weiteren Einzelheiten über dieses ungewöhnliche Tier vgl. Jensen, 1997.)

Beim Knoten des Schleimaals handelt es sich um den *Kleeblattknoten* (der einfache oder Überhandknoten), und zwar im Allgemeinen um den linksseitigen. Meines Wissens können die Myxine keine anderen Knoten machen, doch ist es nicht allzu schwer, sich eine Schleimfischart vorzustellen, die länger ist, eine noch biegsamere Wirbelsäule hat und das gleiche Manöver mit komplizierteren Knoten auszuführen vermag.

Doch damit genug der «biologischen» Knoten; kehren wir zu ihren mathematischen und, wie wohl niemand bestreiten wird, wesentlich appetitlicheren Vorbildern zurück.

Kann ein Knoten einen anderen aufheben?

Nachdem wir die Operation der Zusammensetzung von Knoten definiert haben, können wir uns fragen, ob es *inverse* Knoten gibt und ob man für einen gegebenen Knoten einen anderen finden kann, der, mit dem ersten zusammengesetzt, den Unknoten ergibt. Geometrischer ausgedrückt: Wenn sich an einem Ende einer Schnur ein Knoten befindet, kann man dann am anderen Ende einen Knoten knüpfen, der so beschaffen ist, dass er sich zusammen mit dem anderen vernichtet, wenn man an den beiden Enden der Schnur zieht?

Die Antwort auf die entsprechende Frage bezüglich der natürlichen Zahlen lautet «Nein»: Für keine natürliche Zahl n > 1 lässt sich eine natürliche Zahl m finden, ein Inverses zu n, sodass $n \cdot m = 1$ ist. Natürlich kann man $m = \frac{1}{n}$ wählen, aber dann wäre m ein Bruch und keine natürliche Zahl.

Wir werden sehen, dass es sich mit den Knoten ebenso verhält: *Kein nichttrivialer Knoten besitzt einen inversen Knoten.* Diese Aussage leuchtet keineswegs unmittelbar ein. Auf den ersten Blick scheint sie sogar falsch zu sein: Warum sollte man am anderen Ende der Schnur nicht einen «spiegelbildlichen» Knoten knüpfen können, der sich zusammen mit dem ersten aufhebt?* Zunächst lautet der Vorschlag, es einmal mit einer Schnur zu probieren und dabei mit dem Kleeblattknoten zu beginnen. Die Misserfolge, die Experimentierfreudige erwarten, werden sie vielleicht zum Nachdenken bringen. Wir anderen wenden uns dem Beweis zu, der besagt, dass es keinen inversen Knoten gibt.

Beginnen wir mit einer *reductio ad absurdum*, einem Beweis durch Widerspruch: Es seien a und b nichttriviale Knoten (d.h. $a \neq 1, b \neq 1$), sodass $a \# b = 1$ ist.

Beachten wir die folgende unendliche Zusammensetzung:

$$C = a \# b \# a \# b \# a \# b \# a \# b \# a \# b \# a \# b \# \ldots$$

Diese Zusammensetzung ist einerseits gleich dem Unknoten, weil wir schreiben können:

$$C = (a \# b) \# (a \# b) \# (a \# b) \# \ldots = 1 \# 1 \# 1 \# \ldots = 1.$$

Doch wenn wir die Klammern anders setzen (Assoziativgesetz) und außerdem die Kommutativität ausnutzen, dann erhalten wir:

$$C = a \# (b \# a) \# (b \# a) \# \ldots = a \# (a \# b) \# (a \# b) \# \ldots$$
$$= a \# (1 \# 1 \# \ldots) = a \# 1 = a.$$

Daraus folgt $a = 1$, was der Hypothese $a \neq 1$ widerspricht. Dieser Widerspruch «beweist», dass es keine inversen Knoten gibt.

---

* Dem Leser, der das Kapitel über die Zöpfe gelesen hat, bei denen dieses Verfahren hervorragend klappt, ist dieser Gedanke sicherlich gekommen.

Die Anführungsstriche im vorstehenden Satz deuten an, dass der «Beweis» – um es vorsichtig auszudrücken – zweifelhaft ist. Mit ihm könnten wir bei den ganzen Zahlen auf die gleiche Art «beweisen», dass $1=0$ ist. Dazu müssen wir nur die unendliche Summe $1-1+1-1+1-1+1-1+1-1+1\ldots$ bilden und unsere Klammern, genau wie oben, auf zwei verschiedene Arten setzen. In beiden Fällen liegt der gleiche Fehlschluss vor: Wir dürfen mit unendlichen Summen oder Zusammensetzungen (die man vorher hätte definieren müssen) nicht umgehen wie mit endlichen Summen oder Zusammensetzungen.

Doch im Fall der Knoten genügt eine kleine Änderung, und die Beweisführung wird absolut streng. Es ist ausreichend, jedes der Paare a # b unserer Aneinanderreihung mit einer Schachtel zu umschließen, wobei die Schachteln, je weiter man die Reihe entlanggeht, immer kleiner werden und schließlich gegen einen Punkt streben (siehe Abb. 5 – so erhält man eine strenge Definition der unendlichen Reihe C). Dann kann man die gewagten arithmetischen Umformungen durch wohl definierte topologische Umformungen ersetzen.

Die technischen Details der Beschreibung wollen wir übergehen,* man darf mir glauben, dass der raffinierte Beweis mit unendlichen Zusammensetzungen mehr als nur ein glänzender Sophismus ist (anders als jener mit Achill und der Schildkröte), sondern tatsächlich die Grundlage einer strengen mathematischen Beweisführung.

Zum Abschluss dieses Abschnitts soll erwähnt werden, dass es sich bei dem Urheber dieses raffinierten Beweises nicht um einen Knotenspezialisten handelt, sondern um Gottfried Wilhelm Leibniz, den deutschen Philosophen, Politiker und genialen Mathematiker,

---

* Für den mathematisch Fortgeschrittenen sei angemerkt, dass zur Durchführung des in Abbildung 5 dargestellten Beweises eine andere Definition der Knotenäquivalenz erforderlich ist – eine Definition, die auf dem Konzept der Homöomorphie fußt.

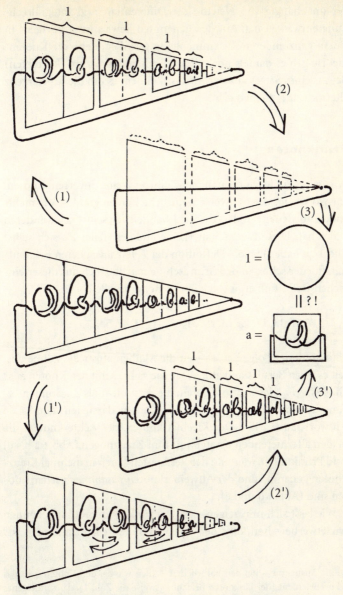

Abbildung 5 Ein Knoten kann keinen anderen aufheben

der unabhängig von Newton die Differential- und Integralrechnung entwickelt hat. Auf den genannten Beweis ist er übrigens in einem ganz anderen Zusammenhang gestoßen, denn die Knotentheorie gab es damals noch nicht. Er diente ihm zum (korrekten) Beweis eines Satzes aus der Analysis, in dem es um die Konvergenz alternierender Reihen geht.

Primknoten

Wie wir gerade gesehen haben, gibt es keine inversen Knoten, ebenso wenig, wie es inverse natürliche Zahlen gibt* – was nichts anderes bedeutet, als dass die Zahl 1 außer sich selbst keine anderen Teiler hat. Diese Eigenschaft (keine anderen Teiler als sich selbst und 1 zu haben) ist die Definition der *Primzahlen*, deren Bekanntschaft jeder schon in der Grundschule macht. Doch aus dieser einfachen Definition ergibt sich eine geheimnisvolle Folge:

2, 3, 5, 7, 11, 13, 17, 19, 23, 29, 31, 37, 41, 43, 47, 53, ...

Und an dieser Folge beißen sich die Mathematiker die Zähne aus, seit es ihren Berufsstand gibt. Aber wie sieht es mit den Knoten aus? Gibt es *Primknoten*, also Knoten, die man nicht als Zusammensetzung zweier anderer nichttrivialer Knoten darstellen kann? Die Antwort lautet «Ja»: Der Kleeblattknoten, der Achterknoten, die beiden alternierenden Knoten mit fünf Kreuzungen (Abb. 6a bis c) sind Primknoten, während der Reffknoten (auch manchmal Kreuzknoten genannt) und der Altweiberknoten *zusammengesetzte* Knoten sind (Abb. 6d und e).

Wie lässt sich nun zeigen, dass es Primknoten gibt? Wie können wir etwa beweisen, dass der Kleeblattknoten ein Primknoten ist?

---

* Eine Ausnahme – bei den natürlichen Zahlen wie bei den Knoten – ist das Einzelelement (der Unknoten beziehungsweise die Zahl 1), das sein eigenes Inverses ist.

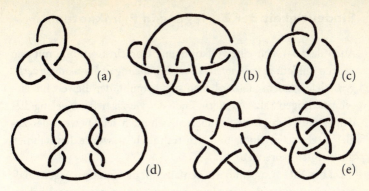

Abbildung 6 Primknoten und zusammengesetzte Knoten

Wir bedienen uns dazu der kleinsten Kreuzungszahl der Knoten bezüglich aller sie darstellenden Diagramme (vgl. das Kapitel «Ebene Knotendiagramme»): Wenn der Kleeblattknoten (dessen übliches Diagramm drei Kreuzungen hat) aus zwei anderen nichttrivialen Knoten zusammengesetzt wäre, dann hätte jedes ihrer Diagramme mindestens drei Kreuzungen (denn alle Knotendiagramme mit zwei oder weniger Kreuzungen sind trivial). Drei plus drei ist sechs, sechs ist größer als drei, und damit liegt ein Widerspruch vor – was zu beweisen war! Leider ist der Beweis für den allgemeinen Fall unzureichend, da wir nicht wissen, ob *die Mindestzahl der Kreuzungen aller Diagramme eines zusammengesetzten Knotens gleich der Summe der Mindestzahl der Kreuzungen bezüglich aller Diagramme beider Faktoren ist*. Die Behauptung ist vollkommen richtig, aber der dazugehörige Beweis ist zu schwierig, als dass man ihn in diesem Buch darlegen könnte.

Es zeigt sich also: Jeder Knoten lässt sich in Primknoten zerlegen. Bei jeder natürlichen ganzen Zahl ist die Zerlegung in Primfaktoren eindeutig. Wie verhält es sich mit den Knoten?

Eindeutigkeit der Zerlegung in Primknoten

Auch da zeigt sich eine vollkommene Übereinstimmung mit den ganzen Zahlen: *Jeder Knoten lässt sich eindeutig in Primknoten zerlegen.* Viele Wissenschaftler haben sich bemüht, den Beweis für diesen prächtigen Satz zu liefern. Ende der vierziger Jahre gelang dies dem Deutschen Horst Schubert. Doch auch sein Beweis, der zugleich sehr scharfsinnig und sehr technisch ist, würde den Rahmen dieses Buchs sprengen.

Da der Satz von Schubert ebenfalls mit den anderen Eigenschaften verknüpft ist, die Knoten und ganze Zahlen gemeinsam haben, liegt der Gedanke nahe, die Knoten so zu *nummerieren*, dass ihre Zerlegung in Primfaktoren erhalten bleibt. Durch eine solche Nummerierung würde jedem Primknoten eine Primzahl und jedem zusammengesetzten Knoten eine zusammengesetzte Zahl zugeordnet. Im Prinzip gibt es eine solche Nummerierung zwar, doch leider keinen natürlichen Algorithmus, der sie uns liefern kann.

Der tiefere Grund für diesen Stand der Dinge liegt darin, dass wir aus zwei Knoten – anders als bei den Zahlen – keine Summe bilden können. Wir können sie nur zusammensetzen (multiplizieren). Jede positive ganze Zahl lässt sich als Summe einer genau festgelegten Anzahl von Einsen schreiben, etwa $5 = 1+1+1+1+1$ als Summe von fünf Einsen. Die Eins ist dabei das neutrale Element der Multiplikation – Zahlen ändern sich nicht, wenn man sie mit eins multipliziert. Für die Knoten gibt es keine der Addition entsprechende Verknüpfung und somit auch keine Zerlegung, mit der sich etwa ein Knoten als «Summe von soundso vielen Kopien des Unknotens» schreiben ließe.*

---

* Exakter wäre die Aussage, dass man nicht weiß, ob es eine solche Verknüpfung gibt, denn die Wissenschaftler, die bisher nach ihr gesucht haben, konnten bislang keine finden. Es lässt sich allerdings mit Gewissheit feststellen, dass die geometrische Knotenaddition, wenn es sie denn gibt, nicht einfach ist ... andernfalls hätte man sie schon längst herausgefunden.

Ein anderer Grund, warum keine natürliche Nummerierung der Knoten möglich ist, ist die fehlende Ordnung in der Menge der Knoten. Die ganzen positiven Zahlen besitzen eine vollkommen natürliche Ordnung (1, 2, 3, 4, 5, … jede Zahl ist größer als ihre Vorgänger); bei den Knoten gibt es keine solche Ordnung (oder sie ist noch nicht entdeckt worden). Gewiss, es ist üblich, die Knoten nach der Mindestzahl von Kreuzungen ihrer Diagramme zu ordnen, doch das ist keine lineare Ordnung: Welcher der beiden Knoten mit fünf Kreuzungen (vgl. die Knotentabelle, Abb. 6 auf S. 30) ist «kleiner»?

Die Knotenarithmetik hat uns also nicht zu ihrer Klassifizierung geführt. Trotzdem besteht meiner Meinung nach kein Anlass, hier von einem Fehlschlag zu sprechen. Der Satz von Schubert braucht keine Korollare (Folgesätze); er gehört auch so zu den schönsten Kunstwerken der Mathematik.

Chirurgie und Invarianten

(JOHN CONWAY, 1973)

Im Jahr 1973 entdeckte der englische Mathematiker John Conway die fundamentale Bedeutung zweier kleiner «chirurgischer Operationen» für die Knotentheorie – zweier Verfahren, einen Knoten in der Umgebung einer Kreuzung seiner Stränge zu verändern.

Die erste – wir wollen sie *Flip* nennen – besteht in der Umwandlung einer in der ebenen Darstellung des Knotens gegebenen Kreuzung in die entgegengesetzte Kreuzung. Dabei wird aus einem oberen Strang ein unterer (Abb. 1). Bei einer Schnur lässt sich der Flip erzeugen, indem man den oberen Strang durchschneidet und ihn dann unterhalb des anderen Stranges wieder zusammenklebt.

Aber aufgepasst: Der Flip kann den Knotentyp verändern. Wenn wir beispielsweise eine Kreuzung des Kleeblattknotens «flippen», erhalten wir den Unknoten. Der «geflippte» Kleeblattknoten lässt sich entknoten – überprüfen Sie es anhand einer Zeichnung!

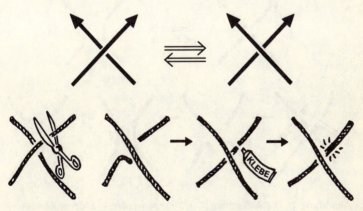

Abbildung 1 Beim Flip wird der obere Strang zum unteren

Die zweite chirurgische Operation, die *Aufspaltung*, besteht in der Beseitigung der Kreuzung durch Änderung des Strangverlaufs (Abb. 2a). Bei einer Schnur zerschneidet man dazu die beiden Stränge dort, wo sie sich kreuzen, und klebt sie wieder zusammen (Abb. 2b). Beachten Sie, dass es bei unorientierten Strängen zwei Möglichkeiten gibt, je zwei der vier Enden ungekreuzt zusammenzukleben (Abb. 2b, 2c), dass hingegen eine Orientierung des Knotens zwingend vorschreibt, wie die Enden wieder zusammengeklebt werden müssen: In Abbildung 2 etwa wird durch die Pfeile und durch die Vorschrift, es müssten sich beim Zusammenkleben Stränge mit einheitlich durchgehendem Richtungssinn ergeben, vorgegeben, welche der beiden Möglichkeiten auszuwählen ist.

Flip und Aufspaltung waren schon lange vor Conway bekannt und wurden von den Topologen häufig verwendet; besonders der Amerikaner J. W. H. Alexander berechnete damit die Polynome, die seinen Namen tragen (wir kommen noch darauf zu sprechen). Conways Beitrag war der Nachweis, dass sich mit Hilfe der beiden Operationen auf sehr einfache Weise eine Knotenvariante (das Conway-Polynom) konstruieren lässt, mit der wir uns etwas später in diesem Kapitel beschäftigen werden.

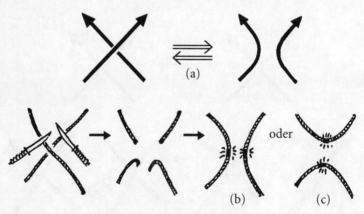

Abbildung 2 Die Aufspaltung: Die Stränge werden in anderer Kombination ungekreuzt zusammengeklebt

Tatsächlich reicht die Bedeutung der Conway-Operationen weit über die Knotentheorie hinaus. Auch das Leben bedient sich ihrer und wendet sie bei der Reproduktion biologischer Organismen häufig an. Die Beschreibung dieser – ziemlich ungewöhnlichen – Vorgänge ist wohl einen weiteren kleinen Exkurs wert.

Exkurs:
Verknotete Moleküle, DNS und Topoisomerasen

Mit ihrer epochalen Entdeckung der DNS, des genetischen Informationsträgers, haben James Watson und Francis Crick den Biochemikern neben vielen anderen Fragen auch eine ganze Reihe topologischer Probleme aufgegeben. Diese lange, in sich gewundene Doppelhelix ist bekanntlich in der Lage, sich zu verdoppeln und sich dann in zwei identische Moleküle aufzuteilen, die – im Gegensatz zu den beiden Bestandteilen des Ursprungsmoleküls – nicht untereinander verbunden sind und sich unabhängig voneinander frei bewegen können. Wie ist das topologisch zu erklären?

Eingehende Untersuchungen haben gezeigt, dass es Enzyme geben muss, die für diese Aufgabe spezialisiert sind. Sie heißen *Topoisomerasen*. Genauer: Die Topoisomerasen nehmen die drei

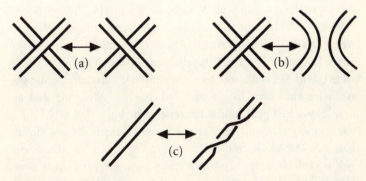

Abbildung 3 Operationen, die die Topoisomerasen an der DNS vornehmen

grundlegenden Operationen vor, die in Abbildung 3 wiedergegeben sind.

Die Operation (a) und (b) wird der Leser sofort wieder erkannt haben: Natürlich handelt es sich um den Flip und die Aufspaltung von Conway! Die dritte Operation (Abb. 3 c), der *Twist*, ist in der Topologie ebenfalls bekannt; er betrifft die mathematische Theorie der Bänder, die heute in der theoretischen Physik eine wichtige Rolle spielt.

Schauen wir uns etwas genauer an, wie sich die Wirkung dieser seltsamen Enzyme auf die langen Moleküle, vor allem die DNS-Moleküle, offenbart. Es sei von vornherein darauf hingewiesen, dass wir die Wirkung nicht direkt sehen können. Sie findet auf molekularer Ebene statt, was bedeutet, dass uns selbst die stärksten Elektronenmikroskope nur indirekte Hinweise liefern, was da vor sich geht.

Bekanntlich besitzt das DNS-Molekül die Gestalt einer langen Doppelhelix, bei der jeder Strang aus Untereinheiten besteht, den Basen A, T, C und G, deren Reihenfolge auf dem Strang die genetischen Eigenschaften des Individuums kodiert (etwa so, wie die Reihenfolge von Ziffern 0, 1, 2, …, 9 in einer Textzeile den Dezimalkode einer Zahl liefert oder eine Zuordnung der Zahlen 1, 2, …, 26 zu Buchstaben, A = 1, B = 2 etc. einen Kode für Wörter. Abbildung 4 ist die schematische Wiedergabe eines DNS-Abschnitts.

Weniger bekannt ist, dass es neben der zweisträngigen DNS mit freien Enden auch Moleküle gibt, die zwei geschlossene Stränge besitzen (die verschlungene Doppelschlange, die sich in den Schwanz beißt), und Moleküle mit nur einem Strang vorkommen, die geschlossen sind oder freie Enden haben. Diese Moleküle sind an drei klassischen genetischen Prozessen beteiligt – der *Replikation, der Transkription* und der *Rekombination*. Werden die geschlossenen DNS-Moleküle mit zwei Strängen im Raum um die eigene Achse verdrillt, entstehen *Über-Windungen*, die entspannte ringförmige oder lineare Strukturen in kompakte Moleküle verwandeln. An allen diesen Prozessen sind die Topoisomerasen wesent-

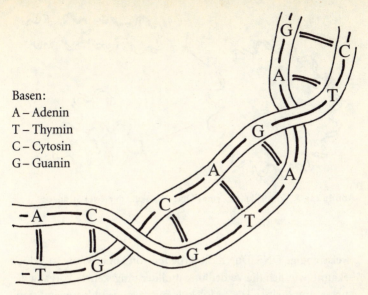

Basen:
A – Adenin
T – Thymin
C – Cytosin
G – Guanin

Abbildung 4 Struktur eines DNS-Moleküls. Basen: A – Adenin; T – Thymin; C – Cytosin; G – Guanin

lich beteiligt, indem sie die Operation *Schneiden, Überführen* und *Wiederverknüpfen* ausführen. Zunächst können sie einen Strang durchtrennen, dann einen anderen Strang durch die gewonnene Öffnung führen und anschließend den Schnitt wieder verknüpfen, mit dem Ergebnis, dass die Stränge ihren Platz getauscht haben (entspricht dem Conway-Flip). Wenn sie andererseits zwei Schnitte und zwei Verschweißungen ausführen, fügen sie die beiden Stränge wieder «ungekreuzt» zusammen (entspricht der Conway-Aufspaltung).

Wie sich die Operationen des Schneidens, Überführens und Wiederverknüpfens im Einzelnen vollziehen, ist bisher nicht ausreichend bekannt. Fest steht aber, dass es verschiedene Arten von Topoisomerasen gibt, und zwar unterschiedliche für ein- und

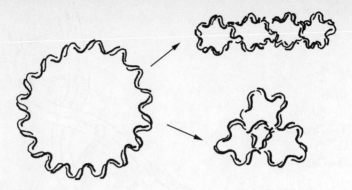

Abbildung 5 Verdrillungen eines DNS-Moleküls mit zwei Strängen

zweisträngige DNS. Durch die Arbeiten von James Wang ist jedoch bekannt, wie sich die Verdrillung und der umgekehrte Vorgang der Entspannung eines DNS-Moleküls mit zwei geschlossenen Strängen vollzieht.

Die Verdrillung der DNS ähnelt dem Schicksal, das der spiralförmigen Verbindungsschnur zwischen Hörer und Telefonapparat häufig widerfährt. Wenn wir beim Auflegen des Hörers immer wieder einen zusätzlichen *Twist* (eine Verdrillung) der Schnur hinzufügen, verschlingt sie sich immer mehr, bis sie sich schließlich in ein dichtes Knäuel verwandelt. Für den Benutzer ist das ein eher ärgerliches Resultat, weil er sich dadurch beim Telefonieren nicht mehr weit vom Apparat entfernen kann. Auch im Falle der DNS verwandelt die Verdrillung die lange Spirale in ein dichtes Knäuel, doch das Resultat ist nützlich, denn die Verwandlung des langen Moleküls (von mehreren Zentimetern) in ein winziges Molekül ermöglicht diesem, mühelos in einen Zellkern einzudringen, dessen Ausmaße im Ångströmbereich liegen.*

---

* Ein Ångström entspricht einem Zehntel eines millionstel Millimeters.

Im Normalzustand (nicht verdrillt) beschreibt die DNS-Spirale eine vollständige Drehung auf einem Strangabschnitt, der 10,5 aufeinander folgende Basen umfasst. Durch die zusätzlichen Twists (schauen Sie sich noch einmal Abbildung 3c an), die die entsprechende Topoisomerase bewirkt, verwandelt sich die einfache geschlossene DNS-Kurve in einer Weise, wie sie Abbildung 5 zeigt.

Topologisch betrachtet, ist ein Ergebnis des Twists, dass er die *Verschlingungszahl* der beiden DNS-Stränge verändert (die Gauß'sche Invariante misst, wie oft einer der Stränge sich um den anderen windet). Es gibt auf diesem Gebiet noch andere topologische Phänomene, denen die Biologen lebhaftes Interesse entgegenbringen, doch uns kann es hier nicht darum gehen, die vorliegenden Ergebnisse in allen Einzelheiten zu beschreiben. Eine vollständige Einführung findet der Leser bei Wang (1997).

Knoteninvarianten

Kehren wir zur mathematischen Knotentheorie zurück, indem wir uns endlich den *Invarianten* zuwenden. Wie sehen sie aus und welche Aufgabe haben sie in der Theorie?

Grob gesagt, dienen die Invarianten vor allem dazu, wenn nötig, eine negative Antwort auf die nächstliegende Frage bezüglich der Knoten zu geben. Wir haben es das *Vergleichsproblem* genannt: Können wir bei zwei ebenen Knotendarstellungen entscheiden, ob sie denselben Knoten oder zwei verschiedene darstellen? Beispielsweise stellen die Skizzen (a) und (e) in Abbildung 6 denselben Knoten dar – nämlich den Kleeblattknoten. Die Bildfolge zeigt, wie sich die Darstellung (a) auf die Darstellung (e) zurückführen lässt. Dagegen scheinen alle Versuche, die Zeichnung (f) in eine Darstellung des Kleeblattknotens zu verwandeln, zum Scheitern verurteilt. (Probieren Sie es aus!) Doch wie lässt sich das beweisen? Dass es uns nicht gelungen ist, von einer Zeichnung zur anderen zu gelangen, beweist gar nichts: Vielleicht könnte jemand, der schlauer ist oder mehr Glück hat, den Übergang zu (f) schaffen?

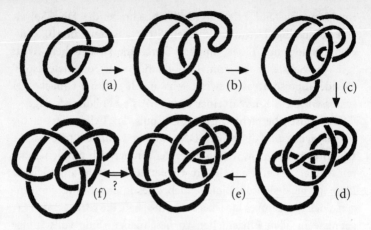

Abbildung 6 Sechs Darstellungen desselben Knotens?

Nehmen wir nun an, uns stände eine so genannte Knoteninvariante zur Verfügung, mit deren Hilfe jeder ebenen Darstellung eines Knotens ein bestimmtes algebraisches Objekt (eine Zahl, ein Polynom) zugeordnet werden könnte, das sich *nicht verändert*, wenn man den Knoten in erlaubter Weise manipuliert – ganz so, wie es in den fünf ersten Skizzen (von [a] bis [e]) der Abbildung 6 der Fall ist. Sind zwei ebene Darstellungen von möglicherweise verschiedenen Knoten gegeben (beispielsweise [f] und [e] in Abbildung 6), dann kann man die entsprechenden Werte unserer Invarianten betrachten. Sind sie verschieden, lässt sich daraus schließen, dass die beiden *Darstellungen mit Sicherheit nicht denselben Knoten wiedergeben* (sonst hätten sie nämlich denselben Wert der Invariante!).

Berechnet man die Conway-Polynome (die wir unten erklären werden) der Darstellungen (a) und (f) in der Abbildung 6, erhält man $x^3 - 3x - 1$ und $x^4 - x^2$ als Ergebnisse; daraus können wir schließen, dass die betreffenden Diagramme zwei verschiedene Knoten darstellen.

Bevor wir uns jetzt näher mit der Conway-Invarianten beschäftigen, wollen wir versuchen, selbst eine numerische Knoteninvariante zu finden. Da liegt zunächst einmal die Idee nahe, jedem Knotendiagramm die Zahl seiner Kreuzungen zuzuordnen. Doch leider ist diese Zahl keine Invariante: Wenn man einen Knoten im Raum manipuliert, können auf seiner Projektionsebene neue Kreuzungen auftreten und andere verschwinden (vgl. beispielsweise Abbildung 6). Für diejenigen, die das Kapitel «Ebene Knotendiagramme» gelesen haben, sei angemerkt, dass die erste [zweite] Reidemeister-Bewegung die Kreuzungszahl um ±1 beziehungsweise ±2 verändert.

Doch aus dieser Idee lässt sich leicht eine echte Knoteninvariante ableiten: Die Invarianzbedingung ist erfüllt, wenn wir die *kleinste Zahl c (K)* der Kreuzungen *aller* Diagramme des Knotens K betrachten. Diese Zahl (größer als oder gleich null und ganzzahlig) ist definitionsgemäß eine Invariante. Sie hängt nicht von dem konkret gegebenen Diagramm ab, da ihre Definition sich auf alle ebenen Darstellungen beruft. Leider eignet sie sich nicht zum Vergleich von Knoten: Es ist keine Methode bekannt, sie anhand einer gegebenen Darstellung zu berechnen. Darum wollen wir uns jetzt einer komplizierter definierten, aber einfach zu rechnenden Invarianten zuwenden: der von Conway.

Das Conway-Polynom

Jeder ebenen Darstellung D eines orientierten Knotens ordnet Conway ein Polynom in x zu, das mit (D) bezeichnet wird und den folgenden drei Bedingungen genügt:

(I) [*Invarianz*] Zwei Darstellungen desselben Knotens wird dasselbe Polynom zugeordnet,

$D \sim D' \Rightarrow \nabla(D) = \nabla(D')$

(II) [*Normierung*] Jeder Darstellung des Unknotens wird als «normiertes Polynom nullten Grades» die Eins zugeordnet.

$\nabla(\bigcirc) = 1$

(III) [*Conways Skein*-Relation*] Es gilt:

$$\nabla(D_+) - \nabla(D_-) = x\nabla(D_0),$$

wobei die drei ebenen Darstellungen D_+, D_- und D_0 sich lediglich in folgendem Punkt unterscheiden dürfen – in einer bestimmten kleinen Region haben die drei Diagramme eine unterschiedliche Struktur:

D_+: ⟨⤫⟩ ; D_-: ⟨⤬⟩ ; D_0: ⟨)(⟩

Das bedeutet, dass sich D_0 und D_- aus D_+ durch eine Aufspaltung beziehungsweise einen Flip gewinnen lassen.

Wenn D_+ beispielsweise den Kleeblattknoten wiedergibt, ergibt sich aus der Conway-Relation:

$$-\nabla(\text{⟲}) + \nabla(\text{⟲}) = x\nabla(\text{⟲}) \qquad (*)$$

Der aufmerksame Leser wird bemerkt haben, dass in diesem Fall das Diagramm D_0 nicht mehr das eines Knotens ist: Es besteht aus *zwei* geschlossenen Kurven statt einer und ist damit das Diagramm einer *Verschlingung* – einer Familie von Kurven im Raum, die sich sowohl jede für sich als auch untereinander verknoten können. Das macht gar nichts – denn das Conway-Polynom ist auch für Verschlingungen sinnvoll definiert, von denen die Knoten nur ein Sonderfall sind.

Wir werden die Conway-Relation (und ähnliche Relationen) in der folgenden symbolischen Form schreiben:

$$\nabla(\text{⤫}) - \nabla(\text{⤬}) = x\nabla(\text{)(}),$$

die ausdrücken soll, dass es sich um drei Verschlingungen handelt, die außerhalb der Umgebung (durch die gepunkteten Kreise be-

---

* *Skein* ist das englische Wort für «Knäuel».

grenzt) einer einzigen Kreuzung identisch sind. Die zweite und dritte Verschlingung lässt sich gewinnen, indem man in dieser Umgebung der ersten Verschlingung einen Flip und eine Aufspaltung vornimmt.

Beispiele für Conway-Polynome

Ein Vorteil der Conway-Invarianten liegt darin, dass sie sich sehr leicht berechnen lassen. Betrachten wir einige Beispiele.

Nehmen wir die Verschlingung, die aus zwei nicht verknoteten Kreisen besteht. Dann ist $\nabla(OO) = 0$. Tatsächlich haben wir:

$$x\nabla(\bigcirc\bigcirc) \stackrel{(III)}{=} \nabla(\bigotimes) - \nabla(\bigotimes) \stackrel{(I)}{=}$$

$$\stackrel{(I)}{=} \nabla(O) - \nabla(O) \stackrel{(II)}{=} 1 - 1 = 0.$$

Betrachten wir nun die Verschlingung, die aus zwei ineinander greifenden Kreisen besteht, die so genannte Hopf-Verschlingung $H = \bigcirc\!\!\bigcirc$. Nach der Conway-Relation ergibt sich

$$-\nabla(\bigotimes) + \nabla(\bigotimes) \stackrel{(III)}{=} x\nabla(\bigotimes),$$

während andererseits gilt:

$$\nabla(OO) = 0 \quad \text{und} \quad \nabla(O) \stackrel{(II)}{=} 1.$$

Unter Berücksichtigung von (I) lässt sich daraus ableiten:
$\nabla(H) = -x$.

Kehrt man die Orientierung eines der beiden Kreise um und nennt dieses Gebilde H', so zeigt eine ähnliche Rechnung $\nabla(H') = +x$.

Berechnen wir noch das Conway-Polynom des Kleeblattknotens B. Dazu kehren wir zur Relation (*) zurück; der zweite Term ist nach

Regel (I) gleich $\nabla(\bigcirc)$ und daher nach (II) gleich 1; der dritte Term ist nach der vorangehenden Operation gleich $(-x) \cdot x = -x^2$. Folglich erhalten wir $\nabla(B) = 1 + x^2$.

Wir sehen also, dass sich die Berechnung des Conway-Polynoms eines Knotens (oder einer Verschlingung) als eine eigenwillige Mischung aus geometrischen Operationen (Flip und Aufspaltung) und klassischen algebraischen Operationen (Polynomsummen und -produkte) darstellt. Der Leser, der an Dingen dieser Art Gefallen gefunden hat, wird sicherlich mit Vergnügen $\nabla(P)$ berechnen, wobei P das in Abbildung 6 f wiedergegebene Knotendiagramm ist.

Erörterung der Ergebnisse

Was lässt sich aus diesen Operationen ableiten? Nicht wenig. Insbesondere verfügen wir nun über einen formalen Beweis folgender Aussagen:

(1) Man kann die beiden Kurven der Hopf-Verschlingung nicht trennen:

(2) Man kann den Kleeblattknoten nicht entknoten:

(3) Der in der Abbildung 6 f dargestellte Knoten ist nicht der Kleeblattknoten:

Natürlich wird der Leser, der noch nicht viel Berührung mit der Mathematik hatte, fragen, was für einen Wert der formale Beweis so offensichtlicher Sachverhalte wie (1), (2) und (3) habe. Dem lässt sich entgegenhalten, dass wir damit über eine *allgemeine Methode* verfügen, auf die wir auch in komplizierteren Situationen zurückgreifen können, wenn unsere Eingebung keine Antworten mehr liefert.

Bei den beiden ebenen Darstellungen der Abbildung 7 gibt mir mein räumliches Vorstellungsvermögen (obwohl ganz gut entwickelt) absolut keine Auskunft über die (den?) Knoten, die sie zeigen. Hingegen teilt mir mein Laptop, der ein Programm zur Berechnung des Conway-Polynoms enthält, nach einigen Sekunden mit, dass

$\nabla(A) = 1$ und $\nabla(B) = x^2 + 1$

ist. Das beweist, dass die durch A und B dargestellten Knoten verschieden sind.

Abbildung 7 Zwei Darstellungen desselben Knotens?

Damit steht uns eine leistungsfähige Invariante zur Verfügung, mit deren Hilfe wir zwischen Knoten unterscheiden können. Schafft sie das immer? Anders gefragt: Bedeutet die Gleichheit der Polynome von zwei Knotendarstellungen, dass es sich um Darstellungen desselben Knotens handelt? Gilt immer

$$\nabla(D_1) = \nabla(D_2) \Rightarrow D_1 \sim D_2?$$

Leider müssen wir die Frage verneinen: Berechnet man die Conway-Polynome komplizierterer Knoten, dann zeigt sich, dass dort durchaus unterschiedlichen Knoten dasselbe Conway-Polynom zugeordnet werden muss. Das Conway-Polynom kann solche Knoten nicht voneinander unterscheiden; dazu ist es nicht genau genug.

Aber – wird der skeptische Leser einwenden – was beweist uns denn, dass es sich bei diesen Knoten nicht in Wirklichkeit um ein und denselben Knoten handelt? Gute Frage. Wir können den geforderten Beweis nicht antreten, solange wir nicht genauere Invarianten als die Conway-Invariante zur Verfügung haben. Dazu gehören zum Beispiel das berühmte Jones-Polynom mit zwei Variablen (auf das wir im folgenden Kapitel zu sprechen kommen werden) oder das Homfly-Polynom, das sich ebenfalls mit Conways Methode ableiten lässt und mit dem wir dieses Kapitel abschließen wollen.

Das Homfly-Polynom

HOMFLY ist nicht, wie man vermuten könnte, der Familienname desjenigen, der dieses Polynom entwickelt hat, sondern ein Akronym aus den Anfangsbuchstaben aller sechs (!) Forscher, die dieses Polynom entdeckt und 1985 in der gleichen Zeitschrift veröffentlicht haben. Es steht H für Hoste, O für Ocneanu, M für Millet, F für Freyd, L für Lickorish und Y für Yetter.*

---

* Dieses Akronym ist übrigens eine schreiende Ungerechtigkeit gegenüber den beiden polnischen Mathematikern Przytycki und Traczik, die die Ent-

Am einfachsten lässt sich das Homfly-Polynom P (x, y) mit den beiden Variablen x und y definieren, indem man sich der Conway-Axiome (I), (II) und (III) bedient, das Symbol ∇ durch P ersetzt und die Skein-Relation (Axiom III) wie folgt abändert:

$$xP(\overset{\frown}{\times}) - yP(\overset{\frown}{\times}) = P(\overset{\frown}{)(}). \qquad (III')$$

Wer mit Hilfe der Eigenschaften I bis III konkrete Conway-Polynome berechnet hat, findet nun vielleicht Vergnügen daran, die entsprechenden Rechnungen mit der neuen Skein-Relation (III') an denselben Knoten und Verschlingungen auszuführen. Vor allem wird er dann erkennen, dass die Homfly-Polynome des Kleeblattknotens und des Achterknotens verschieden sind.

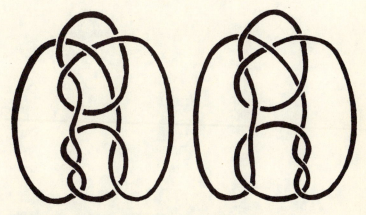

Abbildung 8 Zwei Knoten mit demselben Homfly-Polynom

deckung zur gleichen Zeit machten, sie aber später veröffentlichten, ganz zu schweigen von mehreren Russen, die in diesem Polynom nur eine Spielart des Jones-Polynoms sahen und deshalb nicht an eine Veröffentlichung dachten. Später hat der israelische Mathematiker Dror Bar-Natan das Akronym LYMPH-TOFU vorgeschlagen, um den Polen und anderen (u = *unknown discoverers*) Gerechtigkeit widerfahren zu lassen. Es konnte sich aber nicht durchsetzen.

Ist das Homfly-Polynom also generell genauer als das Conway-Polynom? Ist es vielleicht sogar eine *vollständige Invariante*, die zwischen wirklich allen nicht äquivalenten Knoten unterscheiden kann? Leider muss man diese Fragen verneinen: Abbildung 8 zeigt zwei verschiedene Knoten, die dasselbe Homfly-Polynom besitzen.

Aus diesem Grund werden wir die Suche nach der vollständigen Invariante in den folgenden Kapiteln fortsetzen müssen ...

Jones-Polynom und Spin-Modelle

(LOUIS KAUFFMAN, 1987)

Zweifellos hat Vaughan Jones, ein neuseeländischer Mathematiker, der in den Vereinigten Staaten arbeitet, mit der Entdeckung des Polynoms, das seinen Namen trägt, das Interesse an Knoteninvarianten neu belebt. Doch die Bedeutung dieses berühmten Polynoms geht weit über die Knotentheorie hinaus: Erst seine Beziehung zu anderen Gebieten der Mathematik (Operatoralgebra, Zöpfe) und vor allem zur Physik (statistische Modelle, Quantengruppen) erklärt seine große Popularität.

Nichts hätte näher gelegen, als dieses Kapitel – von zentraler Bedeutung für das gesamte Buch – der Theorie von Jones zu widmen. Leider ist sie so, wie sie ihr Autor ursprünglich entwickelt hat, alles andere als einfach (vgl. Stewart, 1989) und verlangt weit mehr mathematische Vorkenntnisse, als man voraussetzen darf. Da trifft es sich gut, dass eine andere Formulierung des Jones-Polynoms, die wir Louis Kauffman von der University of Chicago verdanken, den doppelten Vorzug besitzt, einerseits außerordentlich einfach zu sein und andererseits die Beziehung zur *statistischen Physik* sehr deutlich vor Augen zu führen. Da sich unsere späteren Ausführungen auf dieses Gebiet der Physik beziehen werden, will ich zunächst einige seiner Grundbegriffe erläutern.

Statistische Modelle

Seit gut dreißig Jahren (vor allem, seit Roger Baxter 1982 ein Buch zu diesem Thema veröffentlicht hat) interessieren sich Mathematiker und Physiker gleichermaßen für die *statistischen Modelle* und insbesondere für das berühmte Ising-Modell.

Worum geht es? Um theoretische Modelle, die eine sehr einfache Art von Materie beschreiben, Ansammlungen von Atomen, deren Eigenschaften vollständig bestimmt sind durch die Angabe einer einzigen Größe pro Atom – seines so genannten *Spins* (ein sehr einfaches Beispiel zeigt Abbildung 1). Jedes Atom (in der Abbildung durch einen dicken Punkt wiedergegeben) beeinflusst nur ganz bestimmte seiner Nachbaratome (in der Abbildung diejenigen, die mit ihm durch gerade Linien verbunden sind), wobei die Art der Wechselwirkung von seinem «inneren Zustand», eben seinem Spin, abhängig ist. Was Spin (oder «Eigendrehimpuls») genau bedeutet, soll uns hier nicht interessieren; wichtig ist für uns, dass der Spin eines Atoms nur endlich viele verschiedene Werte annehmen kann. In dem hier betrachteten Modell sind es sogar nur zwei Werte, die wir «Auf» und «Ab» nennen wollen und die in der Abbildung durch kleine Pfeile wiedergegeben sind, die nach oben beziehungsweise nach unten zeigen.

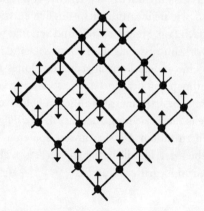

Abbildung 1 Modell eines Spin-Gitters

Das Modell wird vollständig durch seine so genannte *Zustandssumme* beschrieben. Sie hat die Form:

$$Z = \sum_{s \in S} \left\{ \exp\left[-\frac{1}{kT}\right] \sum_{(a_i a_j) \in A} \varepsilon[s(a_i), s(a_j)] \right\} \quad (1)$$

Dabei läuft die äußere Summe über die Menge S aller möglichen Zustände des Systems. In der Klammer wird über alle Paare $(a_i a_j)$ von Atomen a_i, a_j summiert, die auf dem Gitter direkt benachbart liegen; $s(a_i)$ steht für den Spin des Atoms a_i. Für das Modell wird angenommen, dass Wechselwirkung nur zwischen Gitternachbarn stattfindet, dabei ist $\varepsilon[s(a_i), s(a_j)]$ die potenzielle Energie einer solchen Wechselwirkung. T ist die Temperatur des Systems, und k ist die so genannte Boltzmann-Konstante, in der die verwendete Wahl der Einheiten für Temperatur und Energie kodiert ist.

Ist ein Modell gegeben, kann man mit Hilfe der Zustandssumme Z eine Vielzahl seiner Eigenschaften ausrechnen: die Gesamtenergie, die Wahrscheinlichkeit, dass es sich in einem gegebenen Zustand befindet, und vor allem seine *Phasenübergänge* – beim *Potts-Modell* des Gefrierens von Wasser beispielsweise den Übergang vom flüssigen Zustand (Wasser) in den festen Zustand (Eis) und umgekehrt.*

Weiter wollen wir uns nicht mit der Untersuchung der statistischen Modelle befassen. Das Wenige, was wir dazu gesagt haben, wird dem Leser genügen, um zu verstehen, wie Louis Kauffman auf die seltsame Idee kam, jedem Knoten ein bestimmtes statistisches Modell zuzuweisen.

---

* Es handelt sich um das sehr theoretische Modell «zweidimensionales Wasser». Natürlich gibt es auch ein sehr viel realistischeres dreidimensionales Modell. Wir betrachten das «flache Wasser» nicht nur, weil es die Zeichnungen vereinfacht, sondern auch, weil dieses Modell von den Physikern eingehender untersucht wurde, und vor allem, weil es – wie wir gleich sehen werden – das Modell ist, welches den Knoten entspricht.

Das Kauffman-Modell

Betrachten wir einen beliebigen (nicht orientierten) Knoten, beispielsweise denjenigen, der in Abbildung 2 dargestellt ist, und schauen wir uns eine Kreuzung dieses Knotendiagramms näher an. Lokal unterteilt jede Kreuzung die Ebene in zwei Komplementärwinkel. Den einen wollen wir *Typ A* (oder *Typ «Auf»*) und den anderen *Typ B* (oder *Typ «Ab»*) nennen. Den Winkel vom Typ A sehen wir zu unserer Rechten, bevor wir die Kreuzung entlang ihres oberen Strangs überqueren; den Winkel vom Typ B sehen wir zu unserer Rechten, bevor wir die Kreuzung entlang des unteren Strangs überqueren. In welcher Richtung wir die Kreuzung durchlaufen, spielt dabei keine Rolle: Der so bestimmte Winkel hängt nicht von der Richtungswahl ab. – In Abbildung 2 sind die Winkel vom Typ A schraffiert dargestellt und die Winkel vom Typ B weiß gelassen.

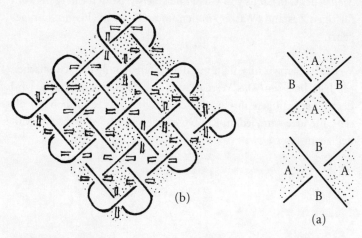

Abbildung 2 Zustand eines Knotens und Winkel vom Typ A und Typ B

Wenn nun ein beliebiger Knoten gegeben ist, können wir bei jeder Kreuzung auswählen, was man einen *Kauffman-Spin* nennen könnte; d. h., wir können jeder Kreuzung das Wort «Auf» oder «Ab» zuweisen. Wir sagen dann, dass eine solche Wahl (in der Umgebung aller Kreuzungen) ein *Zustand* unseres Knotendiagramms ist. Ein Knotendiagramm mit n Kreuzungen besitzt demnach 2^n mögliche Zustände. Um den Knoten in einem genau bestimmten Zustand darzustellen, hätte man auch «Auf» und «Ab» an jede Kreuzung schreiben können, doch wir haben es vorgezogen, in das Innere des jeweiligen Winkels ein Stäbchen zu zeichnen (schauen Sie sich noch einmal die Abbildungen 2a und 2b an).

Diese Schreibweise hat einen Vorteil, wenn wir uns jetzt daranmachen, den Knoten *aufzulösen*, seine Kreuzungen zu beseitigen: Sie gibt uns vor, welche der beiden Möglichkeiten zur Auflösung eines nichtorientierten Knotens wir bei jeder Kreuzung wählen sollen. An jeder Kreuzung werden die Stränge aufgetrennt und parallel zum Stäbchen wieder zusammengeklebt (Abb. 3b). Diese Wahlvorschrift werden wir gleich brauchen.

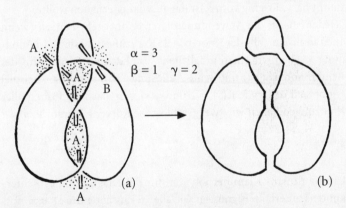

Abbildung 3 Auflösung eines Zustands des Achterknotens

Bezeichnen wir mit S(K) die Menge aller Zustände eines gegebenen Knotendiagramms K. Um das *Kauffman-Modell*, das mit dem Knotendiagramm assoziiert ist, vollständig zu definieren, genügt es, die entsprechende Zustandssumme anzugeben. Sie wird mit

$\langle K \rangle$ bezeichnet, heißt *Klammerpolynom von Kauffman* und hat die Form:

$$\langle K \rangle = \sum_s a^{\alpha(s) - \beta(s)} (-a^2 - a^{-2})^{\gamma(s) - 1}, \qquad (2)$$

wobei die Summe über allen 2^n möglichen Zuständen $s \in S(K)$ des Knotendiagramms K gebildet wird; $\alpha(s)$ und $\beta(s)$ bezeichnen die Zahl der Kreuzungen von Typ A beziehungsweise B, während $\gamma(s)$ die Zahl der geschlossenen Kurven bezeichnet, die man erhält, wenn man alle Kreuzungen des Knotens auflöst, indem man den Stäbchen des Zustands s folgt.

Es stellt sich die Frage, wie Kauffman auf diese seltsame Formel gekommen ist, die kaum noch Ähnlichkeit mit ihrem Prototyp (1) hat. Ohne auf die Einzelheiten einzugehen, möchte ich mich mit der Feststellung begnügen, dass er sie durch Herumprobieren und dadurch gefunden hat, dass er «das Pferd vom Schwanz her aufgezäumt hat»: Er ging vom Resultat aus, das er erhalten wollte.

Jedenfalls ist die Anwendung dieser Formel sehr einfach (wenn auch mühsam, falls der Knoten viele Kreuzungen besitzt). In Abbildung 3 sehen wir einen möglichen Zustand eines Diagramms des Achterknotens (3a) und seine Auflösung (3b). Für dieses Beispiel ergibt sich $\alpha(s) = 3$, $\beta(s) = 1$ und $\gamma(s) = 2$ (nach Auflösung aller Kreuzungen haben wir zwei geschlossene Kurven). Daraus folgt:

$$a^{\alpha(s) - \beta(s)} (-a^2 - a^{-2})^{\gamma(s) - 1} = a^{3-1} (-a^2 - a^{-2})^{2-1} = -a^4 - 1.$$

Um Kauffmans Klammerpolynom für das Diagramm des Achterknotens zu erhalten, müssen wir alle 16 Zustände des Diagramms zeichnen ($16 = 2^4$), für jeden Zustand den zugehörigen Term in der Weise ausrechnen, wie wir es gerade für Abbildung 3b getan haben, und alle diese Terme aufaddieren. Das Ergebnis ist ein Polynom in der Variablen a – das Klammerpolynom des angegebenen Knotendiagramms.

Erwähnt sei noch, dass die Formel (2) auch für Verschlingungen mit mehr als einer Komponente gültig ist.

Bevor wir unsere Untersuchung des Klammerpolynoms von Kauffman fortsetzen, wollen wir einen Augenblick innehalten, um das gewonnene Modell mit einem klassischen Modell zu vergleichen, etwa dem von Potts. Beginnen wir mit den Abbildungen 1 und 2. Sie sehen sich zum Verwechseln ähnlich. Gewiss, die graphische Ähnlichkeit ist der sorgfältigen Auswahl des in Abbildung 2 dargestellten Knotens zu verdanken, aber grundsätzlich lässt sich feststellen, dass der Zustand eines Knotens und der Zustand einer regelmäßigen ebenen Atomstruktur in etwa gleich sind. Hingegen sind die Formeln (1) und (2), die die Zustandssummen der Modelle liefern, vollkommen verschieden, wobei Kauffmans Ausdruck (die Formel [2]) keine physikalische Interpretationsmöglichkeit besitzt. Das Modell von Kauffman ist also kein «echtes» statistisches Modell – was seiner Anwendung auf die Knoten keinen Abbruch tut. Im letzten Kapitel werden wir noch sehen, dass sich mit den echten statistischen Modellen (insbesondere dem Potts-Modell) andere Knoteninvarianten konstruieren lassen.

Eigenschaften des Klammerpolynoms von Kauffman

Zunächst wollen wir einige Eigenschaften dieses Klammerpolynoms näher bestimmen, um schließlich zu untersuchen, wie sich daraus eine Knoteninvariante ableiten lässt.

Die drei wichtigsten Eigenschaften des Klammerpolynoms sind:

(I) $\langle \times \rangle = a \langle \asymp \rangle + a^{-1} \langle)(\rangle$;

(II) $\langle K \cup O \rangle = (-a^2 - a^{-2})\langle K \rangle$;

(III) $\langle O \rangle = 1$.

Auch wir wollen nun «das Pferd vom Schwanz her aufzäumen» und mit dem Ergebnis beginnen. Die dritte Eigenschaft, die einfachste, sagt uns, dass das Klammerpolynom des üblichen Diagramms O des Unknotens gleich 1 ist (also gleich dem Polynom «nullten Grades» mit Koeffizient 1).

Die zweite Eigenschaft (II), in der K ein Diagramm eines beliebigen Knotens (oder einer beliebigen Verschlingung) ist, gibt an, wie sich das Klammerpolynom von K verändert, wenn man einen nicht mit K verschlungenen Unknoten an K anfügt: Es wird mit dem Ausdruck $(-a^2 - a^{-2})$ multipliziert.

Die erste Relation, die – trotz ihrer Einfachheit – die grundlegende Relation der Theorie von Kauffman und des vorliegenden Kapitels ist, gibt an, welche Beziehung zwischen den Klammerpolynomen der drei Verschlingungen (oder Knoten) vorliegt, die durch die folgenden drei Bildzeichen symbolisiert werden:

Sie unterscheiden sich nur durch ein kleines Detail: Die Bildzeichen bezeichnen drei beliebige Diagramme von Verschlingungen, die, von einem ganz bestimmten kleinen Ausschnitt abgesehen, identisch sind. Wie die drei verschiedenen Versionen dieses Ausschnitts aussehen, ist in den gepunkteten Kreisen der Bildzeichen wiedergegeben.

Wer das Kapitel über die Conway-Relationen gelesen hat, wird zweifellos die Analogie zwischen der Relation (I) von Kauffman und den Skein-Relationen bemerkt haben. Rufen wir uns einfach die drei Bildzeichen ins Gedächtnis, die in den Skein-Relationen vorkommen:

Wodurch unterscheiden sie sich von der Relation (I)? Zunächst einmal sind die von Kauffman betrachteten Knoten nicht orientiert und haben demzufolge keine Pfeile. Daher gibt es nur einen einzigen Kreuzungstyp, bei Conway zwei, aber zwei Arten, ihn aufzulösen (die Pfeile bei Conway diktieren eine eindeutige Auflösung, und zwar die gleiche für die beiden verschiedenen Kreuzungen). Nachdem wir dies vorausgeschickt haben, können wir festhalten, dass die grundlegende Relation (I) von Kauffmans Theorie, wie die von Conway, eine sehr einfache Relation ist, die mit einer kleinen lokalen chirurgischen Operation verknüpft ist.

Durch die Relationen (I) bis (III) lässt sich das Kauffman-Klammerpolynom eines Knotendiagramms (oder Verschlingungsdiagramms) sehr leicht berechnen: Es genügt, die Relation (I) so lange anzuwenden, bis alle Kreuzungen beseitigt sind (wobei man natürlich genau darüber Buch führen muss, welche Polynomterme sich bei Ausführung der diversen Zwischenschritte ansammeln). Der resultierende Ausdruck ist ein Polynom in a, in dem allerdings noch diejenigen Klammerpolynome unbestimmt sind, die zu den Mengen unverschlungener Kreise gehören, die wir durch Elimination aller Kreuzungen erhalten haben. Diese können wir mit Hilfe der Relationen (II) und (III) ausrechnen, wobei das Klammerpolynom einer aus N disjunkten Kreisen bestehenden Verschlingung $(-a^2 - a^{-2})^{N-1}$ ergibt, und in unseren Ausdruck einsetzen. Wir erhalten so das Klammerpolynom des gesamten Knotendiagramms.

Damit ergibt sich für den Unknoten (nach [III]) und die triviale Verschlingung aus zwei Komponenten (nach [II]):

$$\langle \bigcirc \rangle = 1$$

$$\langle \bigcirc\bigcirc \rangle = -a^2 - a^{-2}$$

und mit Relation (I) und dem vorstehenden Ergebnis

$$\langle \infty \rangle = a\langle \bigcirc \rangle + a^{-1}\langle \bigcirc\bigcirc \rangle$$

$$= a \cdot 1 + a^{-1}(-a^2 - a^{-2}) = -a^{-3}.$$

Analog dazu erhalten wir:

$$\langle \infty \rangle = -a^3.$$

Unter Verwendung dieser Ergebnisse erhält man dann für die Hopf-Verschlingungen:

$$\langle \text{⬯} \rangle = a \langle \text{⬯} \rangle + a^{-1} \langle \text{⬯} \rangle$$

$$= a \left[a \langle \text{⬯} \rangle + a^{-1} \langle \text{⬯} \rangle \right] + a^{-1}(-a^{-3})$$

$$= a \left[a(-a^2 - a^{-2}) + a^{-1} \right] - a^{-4}$$

$$= a(-a^3) + a^{-4} = -a^4 - a^{-4}$$

und, analog dazu,

$$\langle \text{⬯} \rangle = -a^4 - a^{-4}.$$

Ferner können wir zweifache Verdrillungen berechnen, es ergibt sich

$$\langle \text{∞∞} \rangle = a \langle \text{O∞} \rangle + a^{-1} \langle \text{∞∞} \rangle$$

$$= a(-a^2 - a^{-2}) \langle \text{∞} \rangle + a^{-1} \langle \text{∞} \rangle$$

$$= \left[a(-a^2 - a^{-2}) + a^{-1} \right](-a^3) = a^6$$

und, in ganz ähnlicher Weise,

$$\langle \text{∞∞} \rangle = a^{-6}.$$

Für die Kleeblattknoten ergeben sich, immer noch unter Verwendung der vorstehenden Ergebnisse, die Formeln:

$$\langle \text{⬮} \rangle = a \langle \text{⬮} \rangle + a^{-1} \langle \text{⬮} \rangle$$

$$= a(a^6) + a^{-1}(-a^4 - a^{-4}) = a^7 - a^3 - a^{-5};$$

$$\langle \text{⬮} \rangle = a^{-7} - a^{-3} - a^5.$$

Es versteht sich von selbst, dass das Klammerpolynom von Kauffman in der Knotentheorie nicht von Nutzen wäre, wenn es nicht invariant wäre; d. h., wenn nicht zwei Diagramme desselben Knotens immer dasselbe Kauffman-Klammerpolynom hätten. Diese wichtige Frage wird eingehend im nächsten Abschnitt behandelt; er ist vor allem für die Leser bestimmt, die im Kapitel «Ebene Knotendiagramme» die Reidemeister-Bewegungen kennen gelernt haben. Leser hingegen, die darauf verzichtet haben (und keinen besonderen Gefallen an mathematischen Beweisen finden), können, ohne viel zu versäumen, zu den folgenden Abschnitten übergehen, wo wir endlich das Jones-Polynom vorstellen.

Invarianz des Klammerpolynoms von Kauffman

Um die Invarianz des Klammerpolynoms zu beweisen, braucht man, dem Satz von Reidemeister sei Dank, nur zu zeigen, dass der Wert des Klammerpolynoms sich nicht verändert, wenn auf den Knoten (oder die Verschlingung) Reidemeister-Bewegungen angewendet werden. Wie der Leser sich vielleicht erinnert, gibt es deren drei; er kann sein Gedächtnis auffrischen, indem er sich Abbildung 1 auf S. 62 noch einmal ansieht.

Fangen wir mit der zweiten Bewegung Ω_2 an. Wenn wir die Relation (I) mehrfach und die Relation (II) einmal anwenden, erhalten wir:

$$\langle \widetilde{\mathcal{X}} \rangle = a \langle \widetilde{\mathcal{X}} \rangle + a^{-1} \langle \widetilde{\mathcal{Y}} \rangle =$$

$$= a \left[a \langle \widetilde{\mathcal{R}} \rangle + a^{-1} \langle \widetilde{\mathcal{O}} \rangle \right] + a^{-1} \left[a \langle \widetilde{\mathcal{X}} \rangle + a^{-1} \langle \widetilde{\mathcal{Y}} \rangle \right]$$

$$= \left[a^2 + a^{-2} + aa^{-1}(-a^2 - a^{-2}) \right] \langle \asymp \rangle + aa^{-1} \langle \rangle (\rangle$$

$$= \langle \rangle (\rangle.$$

Wenn wir die erste Seite der ersten und die zweite Seite der letzten Gleichung betrachten, sehen wir, dass damit die Invarianz bezüglich der Bewegung Ω_2 bewiesen ist. Dem aufmerksamen Leser wird nicht entgangen sein, auf welch wunderbare Weise die verschiedenen Potenzen von a verschwunden sind, sodass sich 1 als Faktor des gewünschten Bildzeichens ⟩(und 0 als Faktor des unerwünschten Bildzeichens ⌇ ergibt. Das ist natürlich kein Zufall: Genau das ist der Grund für die (zunächst merkwürdig erscheinende) Wahl des Klammerausdrucks in der Formel (2) von Kauffman.

Beflügelt von unserem kleinen Sieg, wollen wir nun die Invarianz relativ zu Ω_3 beweisen, der kompliziertesten Reidemeister-Bewegung. Wieder wenden wir die grundlegende Relation (I) an und erhalten:

$$\left\langle \vcenter{\hbox{⨳}} \right\rangle = a \left\langle \vcenter{\hbox{⨳}} \right\rangle + a^{-1} \left\langle \vcenter{\hbox{⨳}} \right\rangle,$$

$$\left\langle \vcenter{\hbox{⨳}} \right\rangle = a \left\langle \vcenter{\hbox{⨳}} \right\rangle + a^{-1} \left\langle \vcenter{\hbox{⨳}} \right\rangle. \qquad (3)$$

Offenkundig gilt zunächst:

$$\left\langle \vcenter{\hbox{⨳}} \right\rangle = \left\langle \vcenter{\hbox{⨳}} \right\rangle,$$

weil diese beiden Diagramme durch eine triviale Manipulation, durch die sich Zahl und Art der Kreuzungen nicht ändern, ineinander überführt werden können. Wenn wir nun (die gerade bewiesene) Invarianz relativ zu Ω_2 zweimal anwenden, erhalten wir:

$$\left\langle \vcenter{\hbox{⨳}} \right\rangle = \left\langle \vcenter{\hbox{⨳}} \right\rangle = \left\langle \vcenter{\hbox{⨳}} \right\rangle.$$

Wenn wir nun die zweite Seite der beiden Gleichungen (3) miteinander vergleichen, sehen wir, dass sie einander Glied für Glied entsprechen. Folglich gilt das auch für die erste Seite. Und genau diese Gleichheit bringt die Invarianz bezüglich Ω_3 des Klammerpolynoms zum Ausdruck!

Kleiner Exkurs in eigener Sache

Ich bin wahrlich kein Freund von Ausrufungszeichen, denn im Allgemeinen liegt mir das angelsächsische Understatement weit mehr als die überschwänglichen Bekundungen der slawischen Seele. Dennoch muss ich mir in diesem Fall Zurückhaltung auferlegen, um nicht zwei statt eines Ausrufungszeichens zu setzen. Warum? Der Leser, dem die Mathematik ans Herz gewachsen ist, wird es verstehen. Für die anderen: Die Empfindungen, die einen Mathematiker bewegen, wenn er auf Ähnlichkeiten stößt (oder sie entdeckt), gleichen denen eines Kunstliebhabers, wenn sein Blick in der Sixtinischen Kapelle auf Michelangelos «Schöpfung» fällt. Oder auch (falls es sich um eine Entdeckung handelt) dem Glücksgefühl, das den Dirigenten erfüllen muss, wenn Orchester und Chor in einem gemeinsamen Jubelausbruch, den er hervorbringt und beherrscht, am Ende des vierten Satzes von Beethovens «Neunter» noch einmal die «Ode an die Freude» aufnehmen ...

Invarianz des Klammerpolynoms (Fortsetzung)

Um die Invarianz des Klammerpolynoms von Kauffman zu beweisen, müssen wir nur noch seine Invarianz relativ zur ersten Reidemeister-Bewegung Ω_1 prüfen, der einfachsten der drei. Unter der Verwendung der Relationen (I) und (II) erhalten wir:

$$\left\langle \mathcal{Q} \right\rangle = a \left\langle \mathcal{Q} \right\rangle + a^{-1} \left\langle \mathcal{Q} \right\rangle = \lambda \left\langle \mathcal{Q} \right\rangle,$$

wobei $\quad \lambda = a(-a^2 - a^{-2}) + a^{-1} = -a^3.$

Eine echte Katastrophe: Dieser aufmüpfige Faktor a^3 will sich einfach nicht wegheben (bei der anderen kleinen Schlaufe erhalten wir einen Faktor a^{-3}). Erneute Pleite! Das Klammerpolynom von Kauffman ist nicht invariant relativ zu Ω_1 und damit keine Knoteninvariante.

Beispielsweise haben wir:

$$\left\langle \infty \right\rangle = -a^3 \neq \left\langle \infty \right\rangle = -a^{-3},$$

obwohl beide Diagramme den Unknoten darstellen und sich eigentlich ergeben müsste:

$\langle \infty \rangle = \langle \infty \rangle = \langle \circ \rangle = 1.$

Grund genug, in tiefste Verzweiflung zu fallen?

Und noch mal in eigener Sache

Genau das habe ich vor etwa fünfzehn Jahren getan, als ich über die gleichen Probleme arbeitete. Das Jones-Polynom und die Skein-Relationen waren gerade entdeckt worden, und ich spielte wie viele andere Mathematiker ein bisschen mit Varianten dieser Relationen in der Hoffnung, genauere Invarianten als Jones zu finden. Später entdeckte ich neben all den Fehlversuchen, die mein Verstand produzierte, auch Formeln, die große Ähnlichkeit mit der Relation (I) von Kauffman hatten. Doch ich erinnere mich, dass ich die Sache fallen ließ, weil ich ebenfalls von der Bewegung Ω_1 aufgehalten wurde. Es wollte mir damals einfach nicht gelingen, diesen lästigen Faktor loszuwerden, der sich partout nicht wegheben wollte.

Kauffman dagegen hat beharrlich weitergemacht. Junge Wissenschaftler, die am Anfang ihrer Laufbahn stehen, mögen sich dies eine Lehre sein lassen, auch wenn Beharrlichkeit allein nicht immer zum Ziel führt: Ich bin mir keineswegs sicher, dass ich, auch wenn ich meine Bemühungen fortgesetzt hätte, auf diesen wunderbaren kleinen Trick verfallen wäre, der Louis Kauffman ermöglichte, die Sache zu einem guten Ende zu führen.

Kauffmans Trick und das Jones-Polynom

Der Ausgangspunkt ist klar: Da der Koeffizient $a^{\pm 3}$ nicht verschwinden will, müssen wir unser Klammerpolynom durch einen zusätzlichen Faktor ergänzen, der die Aufgabe hat, uns von diesem ärgerlichen $a^{\pm 3}$ zu befreien. Aber wie?

Dazu bedienen wir uns eines klassischen Werkzeugs der Knotentheorie – der *Verwringung* (englisch *writhe*, im Deutschen gelegentlich auch «Windungszahl» genannt), die folgendermaßen definiert wird: Für jedes orientierte Knotendiagramm K ist die Verwringung w(K) die ganze Zahl, die gleich der Differenz aus der Anzahl positiver und negativer Kreuzungen ist.

Abbildung 4 Positive und negative Kreuzung eines Knotens

Unschwer zu überprüfen, ist die Verwringung eine Invariante der Reidemeister-Bewegungen Ω_2 und Ω_3. Im Gegensatz dazu verändert die Bewegung Ω_1 die Verwringung: Sie fügt 1 oder −1 hinzu, je nachdem, ob die eliminierte Schleife negativ (⟲) oder positiv (⟲) ist.

Jetzt wollen wir, immer noch Kauffmans Ansatz folgend, das Jones-Polynom* eines orientierten Knotens (oder einer orientierten Verschlingung) definieren: Wir setzen

$$X(K) = (-a)^{-3w(K)} \langle |K| \rangle, \qquad (4)$$

wobei wir das nicht orientierte Diagramm |K| aus dem orientierten Diagramm K erhalten, indem wir einfach seine Orientierung ignorieren (die Pfeilspitzen löschen) und $\langle \cdot \rangle$ dieselbe Kauffman-Klammer setzen, die uns so viel Freude und Ärger bereitet hat.

Kauffmans Trick ist der Faktor $(-a)^{-3w(K)}$, der sich hervorragend der Aufgabe entledigt, den störenden Faktor $a^{\pm 3}$ zu eliminieren, der durch die Anwendung der Bewegung Ω_1 entsteht. (Ich überlasse dem mathematisch vorgebildeten Leser das Vergnügen, dieses raffinierte «Tötungsdelikt» nachzuvollziehen, das einer Agatha Christie würdig ist.)

---

* Genau genommen ist $X\langle \cdot \rangle$ nicht das Jones-Polynom im engeren Sinne. Um es zu erhalten, muss man die Variable des Polynoms verändern, indem man $q = a^4$ setzt, was im Prinzip lediglich eine Veränderung der Notation ist.

Mittlerweile ist klar geworden, dass *das Jones-Polynom eine Knoten- beziehungsweise Verschlingungsvariante ist.*

Tatsächlich sind die Klammer $\langle \cdot \rangle$ und der Faktor $(-a)^{-3w(K)}$ Invarianten in Bezug auf die Reidemeister-Bewegung Ω_2 und Ω_3, und auch mit Ω_1 nimmt es einen guten Ausgang (der bequeme Leser darf es uns aufs Wort glauben); die isotope Invarianz von $X\langle \cdot \rangle$ ergibt sich aus dem Satz von Reidemeister.

Bevor wir nun betrachten, was das Jones-Polynom für die Knotentheorie bringt, wollen wir die Erinnerungen, die wir noch an die grundlegende Formel (I) des Klammerpolynoms von Kauffman haben, dazu nutzen, ein bisschen auf die Geschichte dieser Formel einzugehen.

Exkurs über die Menhire

Kein Mathematiker wird Louis Kauffman die Ehre streitig machen, die Relation (I) erfunden zu haben, jene kleine Formel, die so harmlos aussah, aber schon rasch ihre fundamentale Bedeutung unter Beweis stellte. Doch noch vor Ablauf eines Jahres erfuhr Kauffman, dass er doch nicht der Erste war, der auf sie gestoßen war: Ein Spezialist für alte keltische Kultur erklärte ihm, dass die Bildhauer, die vor sechstausend Jahren die Menhire bearbeiteten, sich genau dieser Relation bedienten, um die Ornamente aus verschlungenen Bändern (also aus Knoten und Verschlingungen) zu entwerfen, mit denen sie ihre Grabsteine schmückten. Abbildung 5 des Vorworts zeigt eine schematische Darstellung der Verschlingungen von Bändern, die man auf einem Menhir entdeckt hat.

Eigenschaften des Jones-Polynoms

Eben haben wir die erste grundlegende Eigenschaft des Jones-Polynoms bewiesen:

(I) *Zwei Diagramme desselben Knotens (derselben Verschlingung) haben dasselbe Jones-Polynom.*

Die zweite grundlegende Eigenschaft (ihr Beweis ergibt sich durch eine ziemlich leichte Rechnung, die auf der «keltischen Eigenschaft» (I) des Kauffman'schen Klammerpolynoms und der Definition (4) beruht) ist die *Skein-Relation* für das Jones-Polynom:

(II) $a^{-4} X(\times) - a^4 X(\times) = (a^2 - a^{-2}) X()()$.

Die beiden anderen Eigenschaften folgen direkt aus den Eigenschaften (II) und (III) des Klammerpolynoms.

(III) $X(K \cup \bigcirc) = (-a^2 - a^{-2}) X(K)$.

(IV) $X(\bigcirc) = 1$.

Diese Eigenschaften genügen zur Berechnung des Jones-Polynoms konkreter Knoten und Verschlingungen. Tatsächlich lässt sich sogar zeigen, dass die Eigenschaften (I) und (IV) das Jones-Polynom vollständig bestimmen.

Führen wir die Operation für den Kleeblattknoten durch (zur Vereinfachung der Schreibweise haben wir $a^4 = q$ gesetzt).

$$q^{-1} X(\text{⊛}) - q X(\text{⊛}) = (q^{1/2} - q^{-1/2}) X(\text{⊛}).$$

Darin tauchen der Unknoten und die Hopf-Verschlingung auf. Führen wir für Letztere die folgende Operation durch:

$$q^{-1} X(\text{⊚}) - q X(\text{⊚}) = (q^{1/2} - q^{-1/2}) X(\text{⊚}).$$

Aus den Relationen (III) und (IV) folgt:

$$X(\text{⊚}) = -q^{-2}(q^{1/2} + q^{-1/2}) - q^{-1}(q^{1/2} - q^{-1/2})$$

$$= -q^{-1/2} - q^{-5/2}.$$

Folglich ergibt sich für den Kleeblattknoten:

$$X(\text{🗘}) = q^{-2} + q^{-1}(q^{-1/2} + q^{-5/2})(q^{1/2} - q^{-1/2})$$

$$= q^{-1} + q^{-3} - q^{-4}.$$

Der Leser, der an diesen Berechnungen Gefallen gefunden hat, kann sich davon überzeugen, dass man das gleiche Ergebnis erhält, wenn man auf die Definition (4) und unsere vorstehende Berechnung des Kauffman'schen Klammerpolynoms vom Kleeblattknoten zurückgreift.

Entsprechende Berechnungen zeigen, dass alle Knoten der Tabelle, die wir auf Seite 30 vorgestellt haben, verschieden sind, da sie verschiedene Knoteninvarianten besitzen. Es wäre falsch zu glauben, dass der Beweis dieses Umstands nur dazu da wäre, unsere mathematische Pedanterie zu befriedigen. Als das Jones-Polynom der staunenden Mathematikerwelt präsentiert wurde, ergab seine Berechnung bei größeren Tabellen unterschiedliche Werte für alle Knoten, ausgenommen zwei Knoten mit elf Kreuzungen. Das Ergebnis machte misstrauisch, und ein aufmerksamer Vergleich der Diagramme dieser Knoten (von sehr unterschiedlichem Verlauf) zeigte, dass es sich tatsächlich um isotope Diagramme handelte (Diagramme desselben Knotens): Die Tabelle war falsch.

Diese Anwendung (die großen Eindruck auf die Spezialisten der Knotentheorie machte) weckte in Vaughan Jones die Hoffnung, sein Polynom sei eine vollständige Invariante, zumindest für Primknoten. Doch leider platzte auch diese Illusion: Es gibt nichtäquivalente Primknoten, die dasselbe Jones-Polynom haben, so z. B. jene, die in Abbildung 8 auf S. 101 wiedergegeben sind.

Das ändert jedoch nichts an der Bedeutung, die das Jones-Polynom für die Knotentheorie hat: Es ist eine sehr genaue Invariante, genauer beispielsweise als das so genannte *Alexander-Polynom*. So unterscheidet es zwischen dem rechten und dem linken Kleeblattknoten, wozu das Alexander-Polynom nicht in der Lage ist. Ferner haben Jones selbst und seine Nachahmer noch genauere Varianten seines Polynoms gefunden.

Trotzdem bleibt festzustellen, dass es ihnen nicht gelungen ist, eine vollständige Invariante zu finden. Ein weiterer Versuch, der sich auf ganz andere Überlegungen gründet, wird im folgenden Kapitel beschrieben.

Invarianten endlicher Ordnung

(VICTOR WASSILIEW, 1990)

Victor Wassiliew hätte eigentlich nie über Knoten arbeiten dürfen. Als Schüler von Wladimir Arnold war er ein Spezialist der *Singularitätentheorie*, im Westen besser bekannt unter der medienwirksamen Bezeichnung *Katastrophentheorie*. Es war anfangs mitnichten einsichtig, warum sich die Techniken dieser Theorie auf Knoten anwenden lassen sollten, auf Objekte von regelmäßiger lokaler Struktur, von stetigem und glattem Verlauf, ohne das geringste Anzeichen für irgendeine Katastrophe.

Vielleicht war es sogar ein eher literarisch gebildeter Mensch, der ihn beeinflusste: «Wenn es die Singularität nicht gibt, muss man sie erfinden.» Jedenfalls hat Wassiliew sie erfunden.

Die Idee ist von entwaffnender Einfachheit. Zusammen mit den Knoten im engeren Sinn, erläutert Wassiliew, muss man die *singulären Knoten* betrachten. Diese unterscheiden sich von den gewöhnlichen Knoten darin, dass sie *Doppelpunkte* besitzen, Stellen, an denen ein Teil des Knotens einen anderen Teil transversal (d. h. nicht tangential) schneidet (⊗).

In der ebenen Darstellung des Knotens unterscheidet sich ein Doppelknoten kaum von einer der Kreuzungen (⊗) oder (⊗). Man könnte sagen, bei Bewegungen des gewöhnlichen Knotens im Raum kommt es zur «Katastrophe», wenn ein Teil des Knotens einen anderen Teil schneidet. In diesem Augenblick wird der Knoten singulär, um sich gleich darauf wieder in einen gewöhnlichen Knoten zu verwandeln, der aber unter Umständen vom Ausgangsknoten verschieden ist. So zeigt die Abbildung 1, wie sich der Kleeblattknoten (nach Durchlaufen einer Katastrophe) in einen singulären Knoten mit einem Doppelpunkt verwandelt, um anschließend zum Unknoten zu werden.

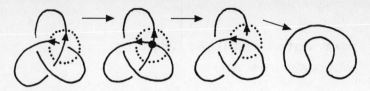

Abbildung 1 Der Kleeblattknoten wird erst singulär und dann zum Unknoten

Wassiliew betrachtet also unterschiedslos die Menge $\mathcal{F}$ aller Knoten, egal ob gewöhnliche Knoten oder solche, die alle möglichen Singularitäten besitzen. Die gewöhnlichen Knoten bilden danach eine Teilmenge von $\mathcal{F}$, bezeichnet durch Σ_0, während die anderen die so genannte *Diskriminante* Σ bilden. Diese wird in die Schichten $\Sigma_1, \Sigma_2, \Sigma_3, \ldots$ zerlegt, die aus singulären Knoten mit 1, 2 beziehungsweise 3 Doppelpunkten bestehen. In der Umgebung dieser Schichten wollen wir unsere Untersuchung der Knoteninvarianten fortsetzen. Leider ist die geschichtete Menge

$$\mathcal{F} \supset \Sigma_0 \cup \Sigma_1 \cup \Sigma_2 \cup \ldots$$

unendlich dimensional; d. h., man benötigt unendlich viele Koordinatenwerte, um einen Punkt darin zu beschreiben. Sie ist daher nur schwer vorstellbar. Trotzdem werden wir eine sehr geometrische (allerdings nicht sehr strenge) Beschreibung von ihr liefern, indem wir ganz unbedenklich naive Zeichnungen verwenden, in denen der Raum $\mathcal{F}$ (mit unendlich vielen Dimensionen) dargestellt wird durch ... ein Quadrat: und zwar jenes, das sich in der Mitte der Abbildung 2 befindet. Jeder Punkt von $\mathcal{F}$ steht für einen singulären oder gewöhnlichen Knoten. Rings um das Quadrat sehen wir eine «realistischere» Darstellung einiger dieser Punkt-Knoten, die den Prozess der Deformation eines Knotens (des Achterknotens) im uns vertrauten Raum zeigen (diesen Raum nennen Mathematiker den «dreidimensionalen euklidischen Raum» und bezeichnen ihn

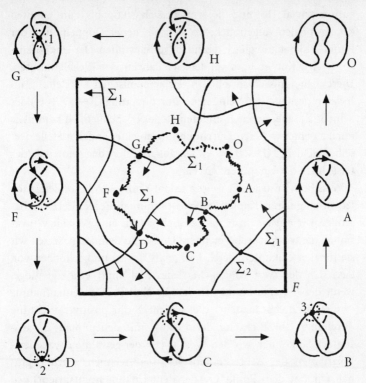

Abbildung 2 Deformation eines Knotens in $\mathbb{R}^3$ und in $\mathscr{F}$

mit dem Symbol $\mathbb{R}^3$). Im Inneren des Quadrats ist der Weg im Raum $\mathscr{F}$ eingezeichnet, der unserer Deformation entspricht: Jeder Punkt auf dem Weg entspricht einem Knoten, der bei unserer Deformation als Zwischenergebnis vorkommt. Dem zeitlichen Verlauf der Deformation entspricht ein gedachter kleiner Punkt, der zeitgleich den Weg H → G → F → D → C → B → A → O entlangläuft.

Im ersten katastrophalen Augenblick (wenn sich auf dem Achterknoten der Doppelpunkt 1 bildet) durchdringt unser bewegter Punkt die Schicht Σ_1 (diejenige der singulären Knoten mit genau einem Doppelpunkt), und zwar im Punkt G. Der Knoten wird daraufhin trivial (F) und deformiert sich stetig bis zum zweiten katastrophalen Augenblick, wo sich ein neuer Doppelpunkt, der Punkt 2, bildet, um gleich darauf zu verschwinden. Der Unknoten – der triviale Knoten – verwandelt sich dabei in den Kleeblattknoten. Diesem Ereignis entspricht (in der symbolischen Darstellung im Inneren des Quadrats) eine neue Durchquerung (F → D → C) der Schicht Σ_1, aber an einer anderen Stelle (D). Schließlich kommt es noch zu einer weiteren Durchquerung an einer anderen Stelle derselben Schicht (C → B → A). Daraus resultiert der Knoten A, der tatsächlich der Unknoten (O) ist.

Wassiliew-Invarianten weisen jedem Knoten, insbesondere auch jedem singulären Knoten, einen bestimmten Zahlenwert zu. Beginnen wir mit einem einfachen Beispiel für eine Wassiliew-Invariante, die wir mit v_0 bezeichnen. Um sie zu definieren, setzen wir sie für den Unknoten gleich null [$v_0(O) = 0$] und schreiben vor, dass sich der Wert von $v_0(M)$ jedes Mal um 1 erhöhen möge, wenn der bewegte Punkt M (der die aktuelle Momentaufnahme unseres Knotens darstellt) die Schicht Σ_1 in positiver Richtung durchquert (in Richtung der Pfeile*, mit denen man Σ_1 ausstattet). So können wir den Wert $v_0(H)$ der gewählten Wassiliew-Invarianten des Achterknotens leicht ausrechnen. Dazu beginnen wir mit dem Punkt O (der dem Unknoten entspricht), wo wir $v_0(O) = 0$ gesetzt haben, und folgen der Kurve, die in Abbildung 2 wiedergegeben ist:

O → A → B → C → D → F → G → H,

wobei wir dreimal die Schicht Σ_1 durchbohren, einmal in positiver und zweimal in negativer Richtung. Wir erhalten daraufhin:

$v_0(H) = 0 + 1 - 1 - 1 = -1.$

---

* Man wählt die Richtung der Pfeile, die so genannte Koorientierung, dergestalt, dass die folgenden Katastrophen (Durchquerungen von Σ_1)

⊗ → ⊗ → ⊗ und ⊗ → ⊗ → ⊗

positiv beziehungsweise negativ sind.

Das wirft natürlich sogleich eine Frage auf. Ist die betrachtete Invariante wohl definiert? Hängt ihr Wert nicht von der Wahl des Weges ab, der die Punkte O und H verbindet? Würden wir das gleiche Ergebnis erhalten, wenn wir uns beispielsweise für den Weg entschieden, der in der Abbildung durch eine gepunktete Linie wiedergegeben ist – die «direktere» Verbindung von H und O? Glücklicherweise können wir die Antwort bejahen, sowohl für den gegebenen konkreten Fall (wo wir $v_0(H) = 0 - 1 = -1$ erhalten) als auch für den allgemeinen Fall. Doch dieser Umstand ist keineswegs anschaulich klar, und es bedurfte schon all der Geschicklichkeit von Wassiliew und höchst raffinierter algebraischer Techniken, um den Beweis zu führen.

Die ausgeführten Operationen zeigen uns zunächst einmal, dass man den Achterknoten nicht ohne Katastrophe entknoten kann, weil seine Invariante sich von der des Unknotens unterscheidet ($-1 \neq 0$). Übrigens haben wir dabei gesehen, dass auch der Kleeblattknoten nicht trivial ist (da $v_0(C) = 1 \neq 0$ ist) und dass der Achterknoten nicht mit dem Kleeblattknoten äquivalent ist ($v_0(H) = -1 \neq 1 = v_0(C)$).*

Die Wassiliew-Invariante erfüllt ihre wichtigste Aufgabe also sehr ordentlich: Es gelingt ihr, zwischen bestimmten Knoten zu unterscheiden. Allerdings ist auch sie keine vollständige Variante: Sie unterscheidet nicht alle Knoten. Beispielsweise zeigen ein paar einfache Operationen, dass der Wert von v_0 für den rechten und den linken Kleeblattknoten gleich ist: Unsere Invariante sieht keinen Unterschied zwischen einem Kleeblattknoten und seinem Spiegel-

---

* Mathematisch betrachtet, haben wir gar nichts bewiesen. Nicht nur, weil wir noch nicht gezeigt haben, dass v_0 wohl definiert ist. Es liegt vielmehr daran, dass sich unsere Beweisführung auf die Konfiguration der Schichten gründet, wie sie in Abbildung 2 wiedergegeben sind, während wir über reale Konfiguration nichts wissen. Die strenge Version dieser Operation ist tatsächlich sehr einfach, zumindest für jemanden, der mit mathematischen Gedankengängen vertraut ist.

bild. Aber sie ist nicht die einzige Wassiliew-Invariante, die es gibt; es existieren unendlich viele solcher Invarianten! Es ist daher nicht sehr schwierig, eine andere Wassiliew-Invariante zu finden, die in der Lage ist, zwischen den beiden Kleeblattknoten zu unterscheiden; dazu muss man sich etwas tiefer auf die Schichten einlassen. Im vorliegenden Fall reicht es, bis zur Schicht Σ_2 hinabzusteigen.

Doch bevor wir von den Beispielen zur allgemeinen Theorie übergehen, wollen wir uns von den mathematischen Gedankengängen ein bisschen erholen, indem wir uns wieder eine kleine Abschweifung gönnen, und zwar über die hier angewandte Methode.

Exkurs: Mathematische Soziologie

Man könnte sagen, dass Wassiliews Ansatz zur Untersuchung von Knoten ein *soziologischer* Ansatz ist. Statt die Knoten jeden für sich zu betrachten (wie es beispielsweise Vaughan Jones tut), beschäftigt er sich mit dem *Raum aller* Knoten (egal ob singulär oder nicht), in dem die Knoten nichts als *Punkte* sind, wodurch ihre individuellen Eigenschaften in den Hintergrund treten. Ferner begibt sich Wassiliew nicht auf die Suche nach einer bestimmten Invarianten – er möchte sie alle finden und definiert daher ganze Räume von Invarianten. Ebenso verfährt die klassische Soziologie, die von der Persönlichkeit der Menschen absieht, die sie untersucht, und sich nur für ihre Position in der gesellschaftlichen, wirtschaftlichen, politischen oder sonstigen Schichtung interessiert. Die soziologische Mathematik betrachtet demnach nur die Position in Bezug auf die Schichtung des Raums $\mathscr{F}$:

$$\mathscr{F} \supset \Sigma_1 \cup \Sigma_2 \cup \Sigma_3 \cup \ldots$$

Dieser soziologische Ansatz in der Mathematik ist nicht Wassiliews Erfindung. In der Singularitätentheorie geht er zurück auf René Thom und ist das bevorzugte Instrument von Wladimir Arnold und seiner Schule. Sehr viel früher verwendete ihn Hilbert, um die

Funktionalanalysis zu entwickeln (Funktionen werden dort nicht mehr als individuelle Objekte, sondern als Punkte in bestimmten linearen Räumen betrachtet). Eilenberg, Mac Lane, Grothendieck und andere haben mit Hilfe dieses Ansatzes auf noch verblüffendere Weise die Grundlagen der *Kategorientheorie* geschaffen. Von Mathematikern mit eher klassischer Ausrichtung wurde sie ironisch *abstract nonsense* genannt – vielleicht als eine Art Teufelsaustreibung: Anfangs machte sie Anstalten, die ganze Mathematik zu verschlingen. (Glücklicherweise hat sich heute herausgestellt, dass nichts dergleichen zu befürchten ist.)

Doch kommen wir auf Wassiliew und seine singulären Knoten zurück. In dieser konkreten Situation erweist sich der soziologische Ansatz – wie sich uns bald eingehend und nachhaltig zeigen wird – als besonders fruchtbar. Alle Informationen, die man braucht, um die Knoteninvarianten zu definieren, findet man in der Umgebung der Schichten $\Sigma_1, \Sigma_2, \ldots$ Wie Wassiliew wollen wir versuchen, sie alle zu finden, indem wir in immer größere Tiefen vordringen; d.h., indem wir die Schichten Σ_n mit wachsenden Indizes n untersuchen. Doch dazu bedarf es einer gewissen Vertrautheit mit der mathematischen Beweisführung, und Lesern, denen sie fehlt, können sich direkt der Schlussfolgerung dieses Kapitels zuwenden.

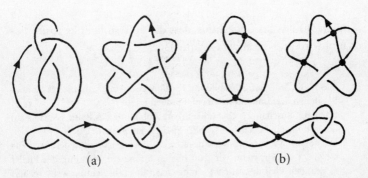

Abbildung 3 Gewöhnliche Knoten (a) und singuläre Knoten (b)

Kurze Beschreibung der allgemeinen Theorie

Rekapitulieren wir: Einen *singulären Knoten* K nennen wir jede nicht durchtrennte Kurve* im Raum $\mathbb{R}^3$, die als einzige Singularitäten endlich viele *Doppelpunkte* enthält, Punkte, an denen ein Teil der Kurve einen anderen Teil transversal (d. h. nicht tangential) schneidet. Dabei bezeichnen wir die Menge der nicht singulären Knoten mit Σ_0 und die Menge der singulären Knoten, die genau n Doppelpunkte besitzen, mit Σ_n. Es sei erwähnt, dass die singulären Knoten wie die gewöhnlichen Knoten orientiert, also mit einem durch Pfeilspitzen gekennzeichneten Umlaufsinn versehen sind.

Bei den singulären Knoten gibt es wie bei den gewöhnlichen Knoten eine natürliche Äquivalenzbeziehung, die *Umgebungsisotopie*: Zwei (möglicherweise singuläre) Knoten K_1 und K_2 heißen isotop, wenn es einen (orientierungserhaltenden) Homöomorphismus des $\mathbb{R}^3$ gibt**, der K_1 auf K_2 so abbildet, dass der durch die Pfeile von K_1 gegebene Richtungssinn der Orientierung von K_2 entspricht (und dass die zyklische Ordnung der Doppelpunkte erhalten bleibt).

Indem wir einen Strang eines singulären Knotens in der Umgebung eines Doppelpunktes leicht verlagern, können wir die Singularität auf zwei verschiedene Arten zu einer *Kreuzung* auflösen:

(Rufen wir uns ins Gedächtnis, dass die Auflösung links *positiv* genannt wird und die andere *negativ*.)***

---

* Das heißt, jede stetige Abbildung K des Kreises (mathematisches Symbol S^1) in den dreidimensionalen euklidischen Raum $\mathbb{R}^3$.
** Das heißt anschaulich eine umkehrbare Abbildung des Raums $\mathbb{R}^3$ in sich, deren Bild keine Löcher, Risse oder Spalten hat. Anm. d. Übers.
*** Die positive (beziehungsweise negative) Auflösung ist richtig definiert: Für sie gilt, dass wir, wenn wir dem oberen Strang (in Richtung des Pfeils) folgen, den Pfeil des unteren Strangs nach links (beziehungsweise rechts) gerichtet sehen.

Wir sagen, dass eine Funktion $v: \mathscr{F} \to \mathbb{R}$ eine *Wassiliew-Invariante* (im weitesten Sinne) ist, wenn für jeden Doppelpunkt jedes singulären Knotens die folgende Relation gegeben ist:

$$v(\!\!\diagup\!\!\!\!\diagdown\!\!) = v(\!\!\diagup\!\!\!\diagdown\!\!) - v(\!\!\diagdown\!\!\!\diagup\!\!), \qquad (1)$$

die bedeutet, dass die Funktion v auf drei Knoten angewendet wird, die identisch sind, abgesehen vom Inneren einer kleinen Region, in welcher die Knotenkurve einen der in den drei gepunkteten Kreisen gezeigten Verläufe nimmt. Die identischen Teile der Knoten, die außerhalb der Kreise liegen, sind dabei nicht wiedergegeben. Dabei ist stets vorausgesetzt, dass die Funktion v auf den Äquivalenzklassen (den Elementen des abstrakten Knotenraums $\mathscr{F}$) wohl definiert ist, sodass $v(K) = v(K')$ gilt, wenn K und K' derselben Klasse angehören.

Aus der Definition (1) folgt sogleich die Relation mit einem Term:

$$v(\!\!\mathcal{Q}\!\!) = 0 \qquad (2)$$

und die *Vier-Terme-Relation*:

$$v(\!\!\rightarrowtail\!\!) - v(\!\!\leftarrowtail\!\!) + v(\!\!\rightarrowtail\!\!) - v(\!\!\leftarrowtail\!\!) = 0 \qquad (3)$$

Um die erste zu erhalten, brauchen wir die Definition (1) nur einmal anzuwenden

$$v(\!\!\mathcal{Q}\!\!) = v(\!\!\mathcal{Q}\!\!) - v(\!\!\mathcal{Q}\!\!),$$

woraufhin wir feststellen, dass sich die beiden kleinen Schlaufen, die wir durch Auflösung des Doppelpunktes erhalten haben, isotop eliminieren lassen. Wir erhalten zwei identische Knoten, bei denen die Differenz der Invarianten exakt null ist. Um die Relation (3) zu beweisen, lösen wir in jedem der vier Summanden den auf der geschwungenen Kurve liegenden Doppelpunkt auf, indem wir die Relation (1) anwenden. Das ergibt insgesamt acht Terme (die jeweils nur einen einzelnen Doppelpunkt enthalten), die sich dank einer glücklichen Fügung paarweise zu null addieren.

Eine Funktion $v: \mathscr{F} \to \mathbb{R}$ * nennen wir eine *Wassiliew-Invariante* $\leq$ *n-ter Ordnung*, wenn sie die Relation (1) erfüllt und für alle Knoten mit n + 1 Doppelpunkten oder mehr null ergibt. Ein Spezialfall der Wassiliew-Invarianten $\leq$ n-ter Ordnung sind Wassiliew-Invarianten n-ter Ordnung (ohne $\leq$), Invarianten, die zwar für alle Knoten mit n + 1 Doppelpunkten oder mehr null ergeben, nicht aber für alle Knoten mit n Doppelpunkten.

Die Menge V_n aller Wassiliew-Invarianten der Ordnung $\leq$ n hat offenbar die Eigenschaften eines Gebildes, das in der Mathematik *Vektorraum* heißt: Erfüllen zwei Funktionen n und M die Relation (1), dann erfüllt auch ihre Summe diese Relation. Erfüllt eine Funktion n die Relation (1), dann erfüllt auch diejenige Funktion, die ich erhalte, wenn ich n mit einer beliebigen Zahl multipliziere, die Relation. Per Definition ist jedes V_i Untermenge aller V_j, wenn j größer als i ist: Jede Wassiliew-Invariante $\leq$ i-ter Ordnung ist eine Wassiliew-Invariante $\leq$ j-ter Ordnung. Mit dem Symbol $\subset$ (in Worten: ist Untermenge von) lässt sich das schreiben als:

$$V_0 \subset V_1 \subset V_2 \subset V_3 \ldots$$

Lemma: *Der Wert einer Wassiliew-Invarianten $\leq$ n-ter Ordnung eines singulären Knotens mit exakt n Doppelpunkten verändert sich nicht, wenn man eine (oder mehrere) Kreuzungen in entgegengesetzte Kreuzungen umwandelt.*

Der Grundgedanke des Beweises ist sehr einfach: Wenn man eine Kreuzung in eine entgegengesetzte Kreuzung verwandelt, macht

---

* Oft nennt man sie auch *Invarianten endlicher Ordnung* und manchmal *Gusarow-Wassiliew-Invarianten*, weil sie auch unabhängig von Gusarow in Sankt Petersburg entdeckt wurden (der seine Ergebnisse allerdings erst viel später veröffentlichte).

der Wert der Invarianten v – nach (1) – einen Sprung, der gleich $v(\times)$ ist. Doch dieser Sprung ist bedeutungslos, weil das Argument von v in diesem Fall ein singulärer Knoten mit n + 1 Doppelpunkten und der Wert von v demnach null ist.

Aus dem Lemma folgt offenkundig, dass die Invarianten der Ordnung null auf allen nicht singulären Knoten konstant (mit anderen Worten, $V_0 = \mathbb{R}$ ist die Menge der reellen Zahlen) und damit nicht sonderlich interessant sind. Tatsächlich wissen wir, dass jeder dieser Knoten entknotet werden kann, indem man eine gewisse Zahl seiner Kreuzungen verändert; diese Operationen verändern (nach dem Lemma) den Wert einer Invarianten der Ordnung null nicht. Ihr Wert ist also gleich dem Wert der Invarianten auf dem Unknoten.

Fast ebenso leicht lässt sich zeigen, dass es außer der sehr langweiligen Funktion, die für beliebige Knoten immer null ergibt, keine Invarianten der Ordnung 1 gibt (anders ausgedrückt, $V_0 = V_1$). Glücklicherweise wird die Theorie ab der Ordnung 2 nicht trivial. Zum Beweis wollen wir unter den Elementen von V_2 eine konkrete Invariante auswählen und ihren Wert für den Kleeblattknoten berechnen. Wir definieren diese durch v_0 bezeichnete Invariante, indem wir sie auf dem Unknoten gleich 0 und auf dem folgenden singulären Knoten mit zwei Kreuzungen ⊗ gleich 1 setzen. Mit Hilfe des Lemmas lässt sich zeigen, dass v_0 wohl definiert ist. Der Rechenweg, der dreimal die Definition (1) und dreimal die Gleichung $v_0(\bigcirc) = 0$ verwendet, ist in Abbildung 4 wiedergegeben.

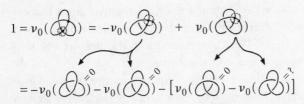

Abbildung 4 Berechnung einer Invarianten der Ordnung 2 des Kleeblattknotens

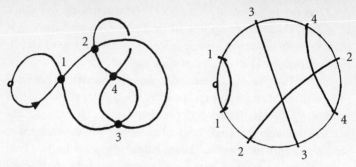

Abbildung 5 Gauß-Diagramm eines singulären Knotens

Tatsächlich handelt es sich um dieselbe Invariante, deren Wert für einen anderen Knoten, den Achterknoten, am Anfang des Kapitels berechnet wurde, ohne dass wir die Gültigkeit der Rechnung streng bewiesen hatten. Doch diesmal ist unsere Rechnung absolut streng. Ganz nach Belieben kann der Leser die Berechnung für den Achterknoten und andere Knoten wiederholen.

Gauß-Diagramme und der Satz von Konzewitsch

Entledigen wir uns jetzt der Geometrie, die unserer Untersuchung der Knoteninvarianten bisher zugrunde lag und Letztere in eine rein kombinatorische Theorie verwandelt.

Dem Lemma in Abschnitt zwei entnehmen wir, dass der Wert einer Invarianten der Ordnung ≤ n eines Knotens mit n Doppelpunkten nicht durch eine Veränderung der Kreuzungen beeinflusst wird. Dieser Wert hängt also nicht von der Art der Knotung ab, sondern nur von der Reihenfolge (ein Begriff aus der Kombinatorik!), in der die Doppelpunkte auftreten, wenn man der Kurve des Knotens folgt. Wir schlagen vor, diese Reihenfolge folgendermaßen zu kodieren. Betrachten wir den Knoten $K : S^1 \to \mathbb{R}^3$ mit n Doppelpunkten. Wir durchlaufen den Kreis

S^1, markieren dabei alle Punkte, die K auf Doppelpunkte abbildet, und verbinden anschließend jeweils diejenigen der Punkte, die in denselben Doppelpunkt verlegt worden sind, durch eine «Sehne» (Abb. 5). Die resultierende Konfiguration heißt *Gauß-Diagramm* oder Sehnendiagramm der Ordnung n des singulären Knotens K.

Abbildung 6 zeigt alle Gauß-Diagramme der Ordnungen n = 1, 2, 3. Man beachte, dass alle nicht singulären Knoten dasselbe Diagramm haben (den Kreis ohne jegliche Verbindungslinie).

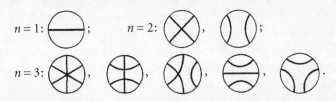

Abbildung 6 Gauß-Diagramme der Ordnung n ≤ 3

Eine hübsche Übung für den Leser, der «Blut geleckt hat», besteht darin, acht singuläre Knoten zu zeichnen, für die die acht Diagramme der Abbildung 6 die entsprechenden Gauß-Diagramme sind (es gibt natürlich für jedes Diagramm viele entsprechende Knoten).

Wir wollen nun die Relation mit einem Term (2) und mit vier Termen (3) durch Gauß-Diagramme zum Ausdruck bringen. In dieser Schreibweise steht ein Gauß-Diagramm für den Wert einer Invarianten der Ordnung ≤ n (stets derselben in derselben Formel) auf einem singulären Knoten mit n Doppelpunkten, egal auf welchem, wie aus dem vorangehenden Lemma hervorgeht, die dem Diagramm entsprechen. Wenn es mehrere Diagramme gibt, zeichnen wir nicht alle Verbindungslinien, sondern setzen stillschweigend voraus, dass die nicht gezeichneten Linien mit allen Diagrammen identisch sind. Auf diese Weise erhalten wir:

Wie ist diese Schreibweise zu verstehen? Die erste Formel bedeutet, dass der Wert jeder Invarianten der Ordnung ≤ n auf einem singulären Knoten *mit* n *Doppelpunkten*, der eine kleine Schlaufe (mit Doppelpunkt, vgl. [2]) enthält, null ist. Wir haben also in dieser Formel vermieden, $v(\ldots)$ zu schreiben, und wir haben die anderen n − 1 Sehnen des Diagramms nicht gezeichnet. Außerdem haben wir vorausgesetzt, dass diese zusätzlichen Sehnen keine Endpunkte auf dem kleinen Bogen haben können (in der Abbildung durch eine dickere Linie hervorgehoben und durch die beiden benachbarten Endpunkte der beiden Sehnen begrenzt, die in dem Diagramm explizit wiedergegeben sind).

Für n = 3 ergibt die Relation mit vier Termen beispielsweise:

$$\bigcirc - \bigcirc + \bigcirc - \bigcirc = 0,$$

und da das dritte Diagramm null ergibt (infolge der Relation mit einem Term), siehe die erste Gleichung in (5), erhalten wir:

$$\bigcirc = 2 \left(\bigcirc \right). \quad (6)$$

Die eben notierte Relation lässt sich als eine Gleichung im Vektorraum über $\mathbb{R}$ (die reellen Zahlen) der Gauß-Diagramme mit drei Sehnen interpretieren. Allgemeiner kann man den Vektorraum aller endlichen Linearkombinationen der Gauß-Diagramme $\mathfrak{D} \in \Delta$ zugrunde legen; anschließend können wir für $\mathfrak{D}_n = \mathbb{R}(\Delta_n)$ alle Gleichungen hinschreiben und den Vektorraum $\mathcal{A}_n$ betrachten, der sich ergibt, wenn man in $\mathfrak{D}_n$ die Unterscheidung zwischen je zwei Ausdrücken, die auf der linken und rechten Seite einer dieser Gleichungen stehen, fallen lässt.

Ist $\mathcal{D}_3$, der Vektorraum $\mathcal{D}_n$ für den Spezialfall n = 3, fünfdimensional – man kann jedes seiner Elemente aus nur fünf so genannten Basiselementen zusammensetzen, denen, die in Abbildung 6 in der Reihe n = 3 wiedergegeben werden. Allerdings werden die letzten drei der dort gezeigten Elemente durch die Ein-Element-Relation annulliert, und Gleichung (6) zeigt, dass sich jedes der beiden übrig gebliebenen Basiselemente durch das jeweils andere ausdrücken lässt. Zusammengenommen bleibt ein einziges Basiselement übrig – die *Dimension* von $\mathcal{A}_3$ ist eins. (Der Leser kann in gleicher Weise selber nachprüfen, dass die Dimension von $\mathcal{A}_4$ immerhin drei ist.)

Als wichtigstes Ergebnis dieser kombinatorischen Theorie können wir festhalten, dass der Raum $\mathcal{A}_n$ die Wassiliew-Invarianten der Ordnung n vollständig beschreibt.

Dies entspricht dem Satz von Konzewitsch: *Der Vektorraum V_n/V_{n-1} der Wassiliew-Invarianten der Ordnung n ist isomorph zum Raum $\mathcal{A}_n$ der Gauß-Diagramme mit n Sehnen modulo der Relationen mit einem und mit vier Termen.*

Der Beweis dieses Theorems, der noch bemerkenswerter ist als das Theorem selbst, ist leider zu lang und zu schwierig, als dass er hier wiedergegeben werden könnte (Bar-Natan, 1996).

Wir sehen also, dass sich die Untersuchung der Räume von Wassiliew-Invarianten der Ordnung n (und die Bestimmung ihrer Dimensionen) auf eine rein kombinatorische Rechnung reduziert. Zwar ist diese Rechnung ganz und gar nicht einfach, doch mit Hilfe eines Supercomputers ist es Dror Bar-Natan von der Harvard University gelungen, die Dimensionen der Räume $\mathcal{A}_n \cong V_n/V_{n-1}$ für n = 0, 1, 2, ..., 9 zu bestimmen. Diese Dimensionen sind 1, 0, 1, 1, 3, 4, 9, 14, 27 beziehungsweise 44.

Die Nützlichkeit der Kombinatorik (die von S. V. Chnutov et al. 1994 eingehender untersucht wird) beschränkt sich nicht auf die Berechnung der Dimensionen von Wassiliew-Invarianten. Man kann mit ihr auch konkrete Werte von Invarianten konkreter Knoten ermitteln. Beispielsweise lässt sich mit Hilfe der Invarianten $v_3 \in V_3$, die durch die Relationen $v_3(\bigcirc) = 0$ und $v_3(\otimes) = 1$ definiert ist, beweisen, dass der rechte Kleeblattknoten nicht äquivalent ist zu seinem Spiegelbild, dem linken Kleeblattknoten. Diese Rechnung soll dem kundigen Leser überlassen bleiben.

Schluss:
Warum Wassiliew-Invarianten?

Brauchte man nach all den polynomialen Invarianten von Jones und seinen Nachfolgern wirklich noch andere? Natürlich: Alle bis auf den heutigen Tag bekannten polynomialen Invarianten sind *unvollständig*, was bedeutet, dass *zwei nicht äquivalenten Knoten dieselbe polynomiale Invariante zugeordnet sein kann*. Dagegen gilt für die Wassiliew-Invarianten folgende

Vermutung: *Die Invarianten endlicher Ordnung klassifizieren die Knoten; d. h., für jedes Paar nicht äquivalenter Knoten K_1 und K_2 gibt es eine ganze Zahl $n \in \mathbb{N}$ und eine Invariante $v \in V_n$, sodass $v(K_1) \neq v(K_2)$ ist.*

Im Augenblick gibt es weder einen Beweis noch ein Gegenbeispiel für diese Hypothese.

Eine weitere Daseinsberechtigung für die Wassiliew-Invarianten ist ihre Universalität: Alle anderen Invarianten sollten sich aus ihnen ableiten lassen. So haben Joan Birman und Xiao-Song Lin von der Columbia University nachgewiesen, dass sich die Koeffizienten der Polynome von Jones und Kauffman als Wassiliew-Invarianten ausdrücken lassen. Ein Leser, der die Idee der beiden auf einfacherer Ebene nachvollziehen will und der das Kapitel «Chirurgie und

Invarianten» gelesen hat, möge sich daran versuchen zu zeigen, dass der Koeffizient des x^2-Terms im Conway-Polynom $\nabla(N)$ eines beliebigen Knotens K eine Wassiliew-Invariante zweiter Ordnung ist.

Heute gibt es eine Vielzahl anderer Beispiele, die zeigen, dass Wassiliews Methode nicht nur ermöglicht, Invarianten bereits bekannter Knoten zu ermitteln, sondern auch – klassische wie neue – Invarianten für viele andere Objekte (nicht nur Knoten) zu definieren. Doch dieser Aspekt der Theorie sprengt den Rahmen des vorliegenden Buches.

Schließlich – und dieser Aspekt des Wassiliew'schen Ansatzes erscheint mir am interessantesten, weil er sich noch im Versuchsstadium befindet – gibt es offenkundige und nahe liegende Beziehungen zur Physik (weit mehr als bei Jones und Kauffman). Davon soll im folgenden, dem letzten Kapitel die Rede sein.

Knoten und Physik

(Xxx?, 2004?)

Das letzte Kapitel unterscheidet sich grundlegend von den vorangegangenen. Diese hatten die Aufgabe, die Geschichte bestimmter grundlegender (und im Allgemeinen nachvollziehbarer) Ideen der Knotentheorie zu erzählen und die verschiedenen Ansätze zur Lösung des zentralen Problems der Theorie zu beschreiben – des Problems der Knotenklassifikation, das meist mit Hilfe verschiedener Invarianten angegangen wird. In all diesen Fällen handelte es sich um die populärwissenschaftliche Darstellung von Forschungsarbeiten, die bereits abgeschlossen und in eine endgültige Form gebracht worden sind. In diesem letzten Kapitel geht es jedoch um Ansätze, die noch auf dem Prüfstand sind, manchmal sogar um solche, die gerade erst in Angriff genommen werden.

Man kann natürlich keine ernsthaften Vorhersagen über künftige wissenschaftliche Entdeckungen machen. Aber manchmal haben Forscher, die auf einem bestimmten Gebiet arbeiten, eine Vorahnung dessen, was kommen wird. Alltagssprachlich kommt diese Situation in der Wendung «Die Idee lag in der Luft» zum Ausdruck, einer Redensart, die natürlich erst im Nachhinein geäußert wird. Das klassische Beispiel dafür – und vielleicht das verblüffendste überhaupt – ist die unabhängige Entdeckung der nichteuklidischen Geometrie durch Janos Bolyai und Nikolaj Lobatschewskij. Es handelte sich dabei um eine Entdeckung, die von vielen anderen geahnt und vorhergesehen wurde; hinzu kam Carl Friedrich Gauß' unglaublicher Aussetzer, dem die Angelegenheit völlig klar war, aber zu gewagt erschien.*

---

* Lange vor Lobatschewskij und Bolyai hatte Gauß die ersten Prinzipien der nichteuklidischen, hyperbolischen Geometrie entdeckt, aber nicht den

Liegt auch heute die Knoten betreffend «etwas in der Luft»? Ich werde nicht prophezeien, in welchem Bereich der mathematischen Physik das Ereignis stattfinden wird, noch den Namen des möglichen Entdeckers nennen, noch (ernsthaft) den Zeitpunkt der Entdeckung angeben: Diesen Verzicht habe ich in der Kapitelüberschrift durch die Xxx nebst Fragezeichen und durch die aus der Luft gegriffene Jahreszahl 2004 zum Ausdruck bringen wollen (die nach Auskunft einiger «Fachleute» die des Weltuntergangs ist).

Zum Schluss werden wir kurz auf die Frage der Prognosen zurückkommen. Zunächst aber müssen wir erklären, welche Ursachen die – bereits existierende – bemerkenswerte Symbiose zwischen Knoten und Physik hat.

Übereinstimmungen

Die Beziehung zwischen Knoten, Zöpfen, statistischen Modellen und der Quantenphysik beruht auf einer merkwürdigen Übereinstimmung zwischen fünf Relationen, die in vollkommen verschiedene Disziplinen gehören:

- der Artin-Relation der Zopfgruppe (von der im Kapitel «Ebene Knotendiagramme» die Rede war);
- einer fundamentalen Relation einer Operatoralgebra (von Hecke);
- der dritten Reidemeister-Bewegung (im Mittelpunkt unserer Überlegungen im Kapitel «Knoten und Zöpfe»);

Mut gefunden, diese damals «skandalöse» Theorie zu veröffentlichen. Lobatschewskij, der es tat, wurde rasch zum Gespött seiner Zeitgenossen, während Bolyai über der Nichtanerkennung seiner Arbeiten zum Alkoholiker wurde. Zu dem Zeitpunkt, da Gauß von Lobatschewskijs Veröffentlichung erfuhr, hatte er bereits die Differentialgeometrie der Flächen geschaffen, mit deren Hilfe die Modellierung der hyperbolischen Flächen für den Fachmann das reinste Kinderspiel ist. Wie war es möglich, dass sich der geniale Gauß, obwohl er alle Trümpfe in der Hand hielt, diese Entdeckung entgehen ließ, als sei er plötzlich mit unbegreiflicher Blindheit geschlagen gewesen?

- der klassischen Yang-Baxter-Gleichung (einem der Gesetze, die der Entwicklung der statistischen Modelle zugrunde liegen (siehe das Kapitel «Invarianten endlicher Ordnung»);
- der Quantenversion der Yang-Baxter-Gleichung (die das Verhalten von Elementarteilchen in bestimmten Situationen bestimmt).

Diese Übereinstimmungen, die sich dem ersten Blick offenbaren, ohne dass man unbedingt alle Einzelheiten der oben aufgezählten Relationen verstehen muss, sind teilweise in der Abbildung 1 wiedergegeben. Dort sehen wir links die Yang-Baxter-Gleichung $R_i R_{i+1} R_i = R_{i+1} R_i R_{i+1}$, in der Mitte die Artin-Relation der Zopfgruppe in algebraischer Form ($b_i b_{i+1} b_i = b_{i+1} b_i b_{i+1}$) und in graphischer Darstellung und rechts – eine Zeichnung, die die dritte Reidemeister-Bewegung darstellt. Die beiden Gleichungen sind in der Tat ähnlich (man braucht nur b durch R zu ersetzen oder umgekehrt), und ähnlich sind auch die beiden Zeichnungen. (Betrachten Sie sie aufmerksam!)

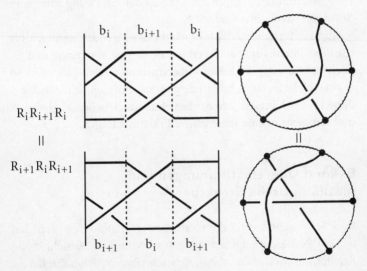

Abbildung 1 Drei Aspekte derselben Relation

Durch Beschäftigung mit diesen Übereinstimmungen sind der Neuseeländer Jones, der Russe Turajew, der Ukrainer Drinfeld, der Engländer Lickorish, der Amerikaner Witten, der Franzose Vogel und viele andere auf bestimmte Beziehungen (prinzipieller oder zufälliger Art?) zwischen der Knotentheorie und mehreren physikalischen Disziplinen gestoßen.

Kauffman bot sich dank eines statistischen Modells bestimmter Art, das er selbst entdeckt hatte, die Möglichkeit, eine Knoteninvariante zu beschreiben, auf die zuvor Vaughan Jones gestoßen war – das berühmte Jones-Polynom. Die ursprüngliche Definition von Jones beruhte auf Zöpfen und der Hecke-Algebra (und mithin auf der Übereinstimmung zwischen der Hecke-Relation und der Artin-Relation). In Kauffmans Ansatz (von dem eine Version beschrieben wird) spielt die dritte Reidemeister-Bewegung die Schlüsselrolle. Im Unterschied zu Kauffman hat Jones eine statistische Version des Potts-Modells beschrieben, die auf der Yang-Baxter-Relation beruht. Auf diese Weise konnte Jones sein eigenes Polynom auf andere Weise ableiten. Turajew entdeckte mit Hilfe bestimmter Lösungen der Yang-Baxter-Gleichung eine ganze Reihe von Knoteninvarianten ...

Muss ich fortfahren? Wäre es nicht befriedigender, wenn wir für alle diese interdisziplinären Verbindungen eine konkretere und logischere Erklärung fänden als «Übereinstimmungen»? Indes, wenn es eine solche konkrete Erklärung gibt, so kenne ich sie nicht. Allerdings lässt sich im Rahmen der Beziehungen zwischen Mathematik und Wirklichkeit eine allgemeinere Erklärung finden.

Exkurs: Übereinstimmungen und mathematische Struktur

Jegliche Wissenschaft, egal ob Natur- oder Geisteswissenschaft, hat nur ein *Ziel*: Sie strengt sich an, einen bestimmten Ausschnitt der Realität, des wirklichen Lebens, zu beschreiben. Welches Ziel hat die Mathematik?

Die Antwort ist paradox: «Alles und nichts.» – «Nichts», weil die Mathematik nur *Abstraktionen* untersucht, etwa Zahlen, Differentialgleichungen, Polynome oder geometrische Figuren. Die Mathematiker haben nicht die Absicht, in der objektiven Wirklichkeit konkrete Untersuchungen vorzunehmen.* «Alles», weil man sie auf jedes beliebige Objekt anwenden kann, das *dieselbe Struktur* wie die betrachtete Abstraktion besitzt. Wir werden nicht versuchen, explizit darzulegen, was dieser kursiv gesetzte Ausdruck bedeutet**, weil der Leser, wie wir hoffen, (beim Anblick von Abbildung 1) versteht, dass beispielsweise die Yang-Baxter-Gleichung «dieselbe Struktur» besitzt wie die dritte Reidemeister-Bewegung.

Als (möglicherweise unerwartete) Folge dieser Sachlage ergibt sich *die Bedeutung der Übereinstimmungen*: Wenn es sich «durch Zufall» ergibt, dass die Strukturen von zwei Objekten «übereinstimmen» (selbst wenn diese Objekte vollkommen unterschiedlicher Herkunft sind), werden sie durch «dieselbe Mathematik», dieselbe Theorie beschrieben. Wenn die so genannte Spur eines Operators, der zu einer Hecke-Algebra gehört, dieselben Eigenschaften besitzt wie eine Knoteninvariante, warum soll man dann nicht eine solche Invariante konstruieren, indem man sich dieser Spur bedient (was Jones gemacht hat); und wenn ein Quantenteilchen und ein Knoten beide einer Relation genügen, die mit der Yang-Baxter-Gleichung übereinstimmt, warum soll man dann nicht mit Hilfe von Knoteninvarianten eine Theorie von Quantenteilchen entwickeln (wie es Sir Michael Atiyah gemacht hat, von dem noch die Rede sein wird)?

Damit sind wir wieder zu den konkreten physikalischen Aspekten und ihrer Beziehung zur Knotentheorie zurückgekehrt; folglich ist der allgemeine Exkurs beendet.

---

* Wenn wir nicht in einer streng platonischen Sicht der Dinge davon ausgehen, dass die Abstraktionen als Teil der Ideenwelt realer sind als die materielle Welt.
** Kommentarlos sei erwähnt, dass Bourbaki einen berühmten Versuch unternommen hat.

Statistische Modelle und Knotenpolynome

Zu Beginn vom Kapitel «Jones-Polynom und Spin-Modelle» haben wir bereits von statistischen Modellen gesprochen, insbesondere von den Ising- und Potts-Modellen. Erinnern wir uns, dass es sich um regelmäßige Atomstrukturen handelt (z. B. Kristalle). Sie bestehen aus Atomen (die möglicherweise Spins besitzen) mit einfacher lokaler Wechselwirkung (in den Abbildungen durch Strecken symbolisiert, die die wechselwirkenden Atome verbinden). Ein solches System X muss eine *Zustandssumme* $Z(X)$ besitzen, die man erhält, indem man einen bestimmten, von den lokalen Wechselwirkungen abhängigen Ausdruck über alle möglichen *Zustände* von X summiert. Aus dieser lassen sich zum einen die globalen Größen des Systems (wie Temperatur und Gesamtenergie) berechnen, zum anderen enthält sie Informationen über die Phasenübergänge des Systems (z. B. etwaige Übergänge vom flüssigen zum festen Aggregatzustand).

Im Kapitel «Invarianten endlicher Ordnung» haben wir gesehen, wie sich mit einer bestimmten Art von Zustandssumme das Knotenpolynom von Jones ausrechnen lässt. Tatsächlich entspricht diese Funktion keinem realen statistischen Modell – vielmehr ist sie das Resultat von Louis Kauffmans produktiver Phantasie. Am erstaunlichsten ist aber, dass es ein echtes statistisches Modell gibt, das wir Jones selbst verdanken. Es besitzt eine richtige Zustandssumme, mit deren Hilfe sich sein Polynom unmittelbar konstruieren lässt. Zunächst wollen wir diese Konstruktion beschreiben, ohne allzu sehr auf die Einzelheiten einzugehen.

Wenn das ebene Diagramm eines Knotens (oder einer Verschlingung) gegeben ist, beginnen wir damit, dass wir seinen *dualen Graphen* (oder das *duale statistische Modell* des Knotens) zeichnen, wie in Abbildung 2 wiedergegeben. Dazu färben wir die Teile der Ebene, die durch die Projektion begrenzt sind, schwarz und weiß (wobei wir dafür Sorge tragen, dass der äußere Teil weiß bleibt). Wir postulieren, dass die schwarzen Bereiche die *Eckpunkte* des Graphen, die *Atome* des zugehörigen Modells, sind und dass zwei

Eckpunkte durch einen *Streckenzug* verbunden sind oder *wechselwirken*, sobald die schwarzen Gebiete an einer gemeinsamen Kreuzung liegen. Ferner werden die Streckenzüge (Wechselwirkungen) nach einer Übereinkunft, die der Leser der Abbildung 2 entnehmen kann, für positiv oder negativ erklärt.

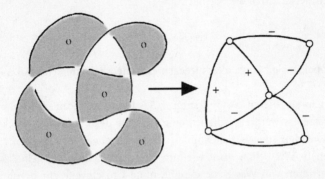

Abbildung 2 Dualer Graph eines Knotens

Anschließend definieren wir den *Zustand* des Systems als beliebige Funktion, die jedes Atom mit einem Spin ausstattet. Dieser kann zwei Werte annehmen, den die Physiker «Auf» und «Ab» nennen. Wenn sich das System in einem bestimmten Zustand s ∈ S befindet (wobei S die Menge aller möglichen Zustände bezeichnet), dann möge die (*lokale*) *Wechselwirkungsenergie* $E[s(v_1), s(v_2)]$ zweier benachbarter Atome V_1 und V_2, die an den Enden der Verbindungsstrecke $[v_1, v_2]$ sitzen, plus/minus eins sein, wenn sie den gleichen Spin besitzen, oder $a^{\pm 1}$, wenn ihre Spins entgegengesetzt ausgerichtet sind; ob das negative oder positive Vorzeichen gilt, soll dabei davon abhängen, ob der Streckenzug (die Wechselwirkung) positiv oder negativ ist.* Dabei ist a der Name der Variablen des

---

* Der aufmerksame Leser mag sich wundern, wie es sich an dieser Stelle mit den Maßeinheiten verhält. Tatsächlich handelt es sich bei $E[s(v_1), s(v_2)]$ nicht um die Wechselwirkungsenergie, sondern um eine bestimmte Exponen-

Polynoms in a und a^{-1}, das, was wir letztendlich berechnen wollen.

Im Potts-Modell wird genau diese Wechselwirkungsenergie der Atome gewählt, um die Phasenübergänge zwischen Wasser und Eis zu beschreiben.

Dies vorausgesetzt, können wir die *Zustandssumme* des Modells definieren durch die Formel

$$Z = \frac{1}{\sqrt{2}} \sum_{s \in S} \left[\prod_{[v_i, v_j] \in A} E[s(v_i), s(v_j)] \right],$$

wobei A die Menge aller Strecken zwischen benachbarten Atomen ist.

Um aus dieser Zustandssumme das Jones-Polynom zu erhalten, müssen wir auf sie lediglich eine Variante des «Kauffman-Tricks» anwenden (den wir in Kapitel sieben eingehend beschrieben haben).* Wir sehen also, wie uns das Potts-Modell, welches das Gefrieren von Wasser beschreibt, ohne Umschweife zur berühmtesten Knoteninvarianten bringt. Wenn Mathematiker diese Konstruktion in ihren wissenschaftlichen Zeitschriften oder in populärwissenschaftlichen Veröffentlichungen untersuchen, neigen sie zu enthusiastischen Kommentaren über die «Anwendung der Knotentheorie auf die statistische Physik». Eine seltsame Analyse! Die Knotentheorie bringt der Physik überhaupt keine Vorteile – vielmehr liefert die statistische Physik eine Konstruktion, die sich auf die Mathematik anwenden lässt. (Um die Selbstachtung der Mathe-

---

tialfunktion davon. Ist $W[s(v_1), s(v_2)]$ die Wechselwirkungsenergie zweier Atome, dann ist die dimensionslose Größe E definiert als $E[s(v_1), s(v_2)] = \exp\{-W[s(v_1), s(v_2)]/kT\}$, mit k der Boltzmann-Konstanten und T der Temperatur des Systems. Das erklärt auch das Aussehen der nachfolgenden Zustandssumme: Das Produkt der Exponentialausdrücke E entspricht der Summe über die im Argument stehenden Energien W, denn $\exp(a + b) = (\exp a)(\exp b)$.

* Tatsächlich ist, wie sich leicht zeigen lässt, das Polynom $Z(K)$ unter Reidemeister-Bewegungen vom Typ 2 und 3 invariant, während sich bei der ersten Bewegung ein überflüssiger Faktor ergibt. Der lässt sich mit Hilfe eines anderen von der Verzerrung abhängigen Faktors eliminieren, genauso wie wir es im Kapitel «Invarianten endlicher Ordnung» gemacht haben.

matiker zu schonen, wollen wir daran erinnern, dass die ursprüngliche – rein mathematische – Konstruktion von Jones der «physikalischen» Konstruktion voranging, die wir eben beschrieben haben.)

Natürlich geht es hier nicht um die Rivalität von Physikern und Mathematikern, sondern um die unerwartete Übereinstimmung zwischen zwei Wissensgebieten, die eigentlich weit voneinander entfernt sind. Doch wenden wir uns nun einer anderen Übereinstimmung zu, bei der es tatsächlich um die Anwendung der Knotentheorie auf die Physik geht.

Klammerpolynom von Kauffman und Quantenfelder

Mit dem Klammerpolynom von Kauffman haben wir uns in Kapitel sieben beschäftigt, wo es uns dazu gedient hat, das Jones-Polynom, die berühmteste Knoteninvariante, zu definieren. Wir werden sehen, dass es sich auch noch ganz anders verwenden lässt.

Erinnern wir uns, dass Kauffman jedem Knotendiagramm K ein bestimmtes Polynom $\langle K \rangle$ in a und a^{-1} zuordnet. Dieses Polynom wird durch eine explizite Formel definiert, die sich an den Zustandssummen statistischer Modelle orientiert. Wir haben bereits darauf hingewiesen, dass die Formel selber (die wir hier nicht brauchen) gar keine physikalische Interpretation besitzt – zumindest nicht im Rahmen eines realistischen statistischen Modells. Bedeutung hat sie allerdings auf einem anderen Gebiet der Physik – der topologischen Quantenfeldtheorie.

Diese Theorie, im Allgemeinen durch die Abkürzung TQFT bezeichnet, versucht, auf allgemeinste Weise, d. h. im Rahmen der Topologie, eine Quantenversion der klassischen Feldtheorie (Gravitationsfelder, elektromagnetische Felder usw.) zu formulieren. In diesem Rahmen darf keine der physikalischen Größen, die man untersucht – die so genannten observablen Größen oder einfach *Observablen* –, von der Wahl der verwendeten Koordinaten abhängen. Unter allen Koordinationsformationen, die die Topologie un-

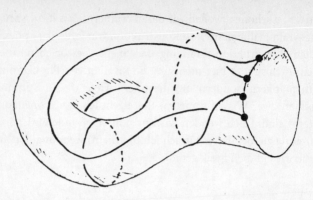

Abbildung 3 Verschlingungsdiagramm auf einer berandeten Fläche

verändert lassen, sollen auch die Observablen invariant sein, kürzer ausgedrückt: Bei den Observablen soll es sich um *topologische Invarianten* handeln, genauso wie es Knoteninvarianten sind.

Der Amerikaner Edward Witten ist auf die Idee gekommen, mit Hilfe einer Verallgemeinerung des Jones-Polynoms TQFTs zu entwickeln. Wittens Verdienst ist es, die Verallgemeinerung (oft als *Jones-Witten-Verallgemeinerung* bezeichnet) gefunden (was ihm die angesehene Fields-Medaille eintrug) und sie zur Konstruktion einer TQFT verwendet zu haben. Diese TQFT war lediglich ein Modell in den Dimensionen 2 + 1, wobei 2 die Dimensionen des «Raums» und 1 die Dimension der «Zeit» bezeichnet. Wie die Relativitätstheorie verlangt, hängen diese Dimensionen in ganz bestimmter Weise zusammen. Das Modell lebt daher in einem dreidimensionalen Raum (präziser: einer dreidimensionalen Mannigfaltigkeit), der Knoten enthalten kann, in diesem Kontext von Physikern als *Wilson-Linien* bezeichnet.

Anschließend hat der Engländer Michael Atiyah (auch er Träger der Fields-Medaille, allerdings für frühere Arbeiten) die Theorie aus mathematischer Sicht durchdacht und Wittens Modell verallgemeinert, indem er eine strengere, axiomatische Definition der TQFTs entwickelte. Der Franzose Pierre Vogel und seine Koautoren haben diese konkretisiert und eine ganze Reihe von Beispielen für TQFTs konstruiert, wobei dem Klammerpolynom von Kauffman eine Schlüsselrolle zufiel. Leider lassen sich die Theorie und die Beispiele hier nicht näher beschreiben – die erforderliche Mathematik ist viel zu kompliziert –, daher werde ich mich darauf beschränken, den Kontext anzudeuten, in dem das Klammerpolynom erscheint.

In diesem Kontext betrachtet man (anstelle einer Ebene) eine berandete Fläche, auf die man das Diagramm eines Knotens (oder einer Verschlingung) zeichnet. Unter Umständen kann er Endpunkte auf dem Rand der Fläche haben. Ein typisches Beispiel zeigt Abbildung 3.

Jedem Diagramm dieser Art ordnet man ein Polynom in a und a^{-1} zu, das zwei sehr einfachen Relationen genügt (wir haben sie schon im Kapitel «Jones-Polynom und Spin-Modelle» kennen gelernt):

$$\left\langle \!\!\diagup\!\!\!\diagdown\!\! \right\rangle = a \left\langle \asymp \right\rangle + a^{-1} \left\langle)(\right\rangle,$$

$$\left\langle K \cup O \right\rangle = (-a^2 - a^{-2})\left\langle K \right\rangle.$$

Der Leser, der sich an dieses Kapitel erinnert, wird zwei fundamentale Eigenschaften des Klammerpolynoms wieder erkennen. Zum Abschluss unserer Beschäftigung mit den Übereinstimmungen sei noch erwähnt, dass ein Sonderfall dieser Konstruktion (wenn es sich bei der Fläche um eine Kreisscheibe handelt) die *Temperley-Lieb-Algebra* ergibt, eine Operatoralgebra, die der Relation von Artin, Yang, Baxter, Reidemeister und Hecke genügt.

Zur Frage, welche Bedeutung TQFT-Modelle für die physikalische Wirklichkeit besitzen, möchte ich mich nicht äußern. Die Physiker interessieren sich jedenfalls ernsthaft für sie, aber vielleicht nicht ganz so ernsthaft wie für das (mathematische) Konzept der Quantengruppe, mit der wir uns nun beschäftigen wollen (zumindest soweit ihre Beziehung zu den Knoten reicht).

Quantengruppen als Maschinen zur Herstellung von Invarianten

Auf die Quantengruppen stieß man vor etwa zwanzig Jahren und beschäftigt sich heute sehr intensiv mit ihnen – und zwar von mathematischer ebenso wie von physikalischer Seite. Allerdings ist ihre formale Definition wenig attraktiv: Es handelt sich um eine Menge abstrakter Elemente, die einer ganzen Reihe algebraischer Axiome genügen müssen, die wenig ausdrucksstark zu sein scheinen.

Daher wollen wir sie nicht in allen Einzelheiten erklären, sondern uns mit ihrer physikalischen Bedeutung beschäftigen. Zunächst einmal sei festgehalten, dass die Quantengruppen trotz ihres Namens keineswegs Gruppen* sind, sondern Algebren, sogar «Bialgebren»; d. h., dass auf der betrachteten Menge Q zwei Operationen definiert sind: eine *Multiplikation* und eine *Komultiplikation*. Eine Multiplikation ordnet bekanntlich jedem Paar von Elementen ein wohl bestimmtes Element von Q zu – ihr *Produkt*. Die Komultiplikation verfährt umgekehrt: Einem einzigen Element von Q ordnet sie ein Elementepaar dieser Menge zu – sein *Koprodukt*.

Aus physikalischer Sicht entsprechen diese beiden einander ergänzenden Operationen der Vereinigung zweier Teilchen zu einem einzigen beziehungsweise der Aufspaltung eines Teilchens in zwei andere. Wir haben versucht, diese Entsprechung in der Abbildung 4 graphisch wiederzugeben.

Die Operationen Multiplikation und Komultiplikation müssen bestimmten ziemlich nahe liegenden Axiomen genügen (etwa der Assoziativität), die Q zu dem machen, was Mathematiker eine *Bi-Algebra* nennen.** Diese Axiome sind nicht allzu restriktiv, und es gibt eine solche Vielzahl verschiedener Quantengruppen, dass man sich in der Regel gezwungen sieht, beschränktere Klassen zu betrachten, etwa die Klasse der *quasitriangulären* Quantengruppen,

---

* Dabei ist eine Gruppe eine Menge von Elementen, auf denen eine Multiplikation definiert ist, bezüglich deren jedes Element ein Inverses besitzt.
** Sogar mit der Struktur einer Hopf-Algebra.

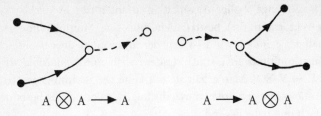

Abbildung 4 Produkt und Koprodukt zweier Teilchen

die wir dem Ukrainer Wladimir Drinfeld verdanken (auch er Träger einer Fields-Medaille). Das Axiom der Quasi-Triangularität impliziert für diese Klasse eine Yang-Baxter-Relation, die – der Leser wird es schon erraten haben – für einen Zusammenhang zwischen quasitriangulären Quantengruppen und Knoten sorgt. Durch Darstellungen dieser Quantengruppen lassen sich große Mengen von Invarianten wie am Fließband herstellen – und zwar sowohl neue wie bereits entdeckte. Die Quantengruppen sind gewissermaßen hochwissenschaftliche Maschinen zur Herstellung von Knoteninvarianten.

Wassiliew-Invarianten und Physik

Wie wir im vorangehenden Kapitel gesehen haben, erhält man die Wassiliew-Invarianten, indem man eine sehr allgemeine Konstruktion, die eine gewisse ideologische Nähe zur Katastrophentheorie aufweist, auf Knoten anwendet. Kann man dem Flip (der wichtigsten Katastrophe, in deren Verlauf der untere Strang eines Knotens den oberen Strang durchdringt und sich über diesen legt) eine physikalische Bedeutung verleihen? Offenbar nicht, zumindest nicht, wenn wir uns auf den Augenschein verlassen. So leicht lässt sich die Physik bei Wassiliew nicht entdecken. Wir müssen uns schon auf die algebraischen und kombinatorischen Strukturen einlassen, die die Menge seiner Invarianten besitzt.

Diese Menge V aller Wassiliew-Invarianten (die in Wirklichkeit ein Vektorraum ist) besitzt nicht nur eine Multiplikation (wir erhalten sie, indem wir die Werte der Invarianten, die gewöhnliche Zahlen multiplizieren, sind), sondern auch eine *Komultiplikation*: $\Delta : V \to V \otimes V$. Man erhält sie mit Hilfe der zusammengesetzten Summe # zweier Knoten durch die folgende Formel, die besonders einfach und nahe liegend ist:

$$(\Delta \nu)(K_1 \# K_2) = \nu(K_1) \cdot \nu(K_2).$$

Der Leser kann sich leicht davon überzeugen, dass diese beiden Operationen aus V eine Bialgebra machen. Wir haben hier also von Anfang an diese «sehr physikalische» Struktur (Vereinigung und Aufspaltung von Teilchen), sodass es sich erübrigt, irgendein algebraisches Objekt «von außen» heranzuziehen (etwa quasi-trianguläre Quantengruppen für die Invarianten vom Witten-Jones-Typ), um «physikalische» Invarianten zu erhalten. Diese Bialgebra-Struktur ist den Wassiliew-Invarianten zu Eigen.

Doch es kommt noch besser. Erstens können wir die Wassiliew-Invarianten – analytisch – durch einen Knoten ausdrücken, eine Möglichkeit, die uns das bewundernswerte *Konzewitsch-Integral* eröffnet. Dieses ist in gewisser Weise die Verallgemeinerung des Gauß-Integrals der Elektrodynamik und müsste daher eine physikalische Interpretation besitzen. Aber welche? Wir wissen es nicht.

Zweitens können wir die Wassiliew-Invarianten – kombinatorisch – mit Hilfe von Sehnendiagrammen darstellen (vgl. das vorangehende Kapitel), die wir ebenfalls Maxim Konzewitsch verdanken.* Eine besondere Nähe zur theoretischen Physik besitzt die *Algebra der chinesischen Schriftzeichen,* wie ihre ehemalige Bezeichnung verrät: Vor kurzem hieß sie nämlich noch die «Algebra der

---

* Dieser junge russische Mathematiker, der heute einen Lehrstuhl am angesehenen Institut des Hautes Études Scientifiques in Bures-sur-Yvette bei Paris hat, wird eines Tages eine Fields-Medaille erhalten; das sagt mir meine Kristallkugel. (Das ist seit September 1998 tatsächlich der Fall. [Anm. d. Hrsg.])

Feynman-Diagramme»*. Doch auch dort bewegen wir uns im Bereich von Hoffnungen und Spekulationen.

Schließlich noch ein letzter wichtiger Punkt, auch er noch nicht richtig verstanden. Es handelt sich um die Vier-Terme-Relation, von der bereits im Kapitel «Invarianten endlicher Ordnung» die Rede war. Der Mathematiker Dror Bar-Natan von der Harvard University hat sich den Umstand zunutze gemacht, dass sie eine Form der klassischen *Jacobi-Identität* darstellt, und mit Hilfe der Darstellungstheorie von Lie-Algebren Wassiliew-Invarianten konstruiert. Hat diese Übereinstimmung zwischen fundamentalen mathematischen Relationen keine physikalischen Erweiterungen?

Schluss: Nichts ist entschieden

Wie wir zu Anfang dieses Buches gesehen haben, war die Idee, aus dem Knoten ein Atommodell zu machen, die Lord Kelvin vor fast anderthalb Jahrhunderten kam, der Ausgangspunkt der Knotentheorie. In jüngster Zeit sind die Knoteninvarianten, vor allem das Klammerpolynom von Kauffman, zur Grundlage von physikalisch orientierten Theorien geworden, etwa der topologischen Quantenfeldertheorie. Wo stehen wir heute? Lässt sich eine Bilanz ziehen?

Kelvins Idee blieb folgenlos. Die Bedeutung der TQFTs (wie sie von Witten, Atiyah, Crane, Yetter entwickelt wurden) bleibt, zumindest aus physikalischer Sicht, zweifelhaft. Erweist sich die vielbeschworene Beziehung zwischen Physik und Knoten am Ende nur als Strohfeuer?

Für die Spezialisten der Knotentheorie ist das Ende der Fahnenstange noch lange nicht in Sicht: So gibt es beispielsweise noch immer keinen Entknotungsalgorithmus, der einfach und wirksam genug ist, um in einen Rechner eingegeben zu werden. Außer-

---

* Feynman-Diagramme sind symbolische Darstellungen von Teilchenreaktionen, die von Teilchenphysikern verwendet werden.

dem sind noch viele weitere wichtige Fragen offen. Für Forscher, die sich auf dem Gebiet der mathematischen Physik betätigen und sich für Knoten interessieren, bleibt noch vieles in unerforschten Regionen zu tun, vor allem in jenen, die Wassiliew entdeckt hat.

Schließlich dürfen wir nicht vergessen, dass es neben den klassischen Knoten (Kurven im dreidimensionalen Raum) auch «verallgemeinerte Knoten» gibt, die noch wenig untersucht sind, so z. B. die Kugelflächen und allgemeiner die Fläche im vierdimensionalen Raum. Nach Einstein leben wir in einer vierdimensionalen Raumzeit. In der Stringtheorie geht man davon aus, dass sich die Bewegungen der Elementarteilchen im Raum durch zweidimensionale Flächen modellieren lassen. Verbirgt sich dort vielleicht eine Quantentheorie der Gravitation? Haben die Wassiliew-Invarianten (die auch in dieser Situation vorhanden sein müssten) nicht doch eine reale physikalische Interpretation?

Die Forschung beginnt heute mit einer Frage und einer Hoffnung. Dem Leser (und mir!) wünsche ich zum guten Schluss, dass uns die unvergleichliche Begeisterung des Verstehens beschieden sein möge, die die großen Entdeckungen begleitet.

Bibliographie

Adams, C. *Das Knotenbuch*. Spektrum Akademischer Verlag, Heidelberg 1995.

Ashley, C. *Das Ashley-Buch der Knoten. Über 3800 Knoten. Wie sie aussehen, wozu sie gebraucht werden. Wie sie gemacht werden*. DK Edition Maritim, Hamburg 1999.

Dehornoy, P. «L'art de tresser» in *Pour la science*, dossier hors série, April 1997, Seite 68–74.

Haken, W. «Theorie der Normalflächen» in *Acta Math.* 105 (1961), Seite 245–375.

Jaworski, J., Stewart, I. *Get Knotted*, London, Pan Books, 1976.

Jensen, D. «Le poisson noué» in *Pour la science, dossier hors série*, April 1997, Seite 14–15.

Mercat, C. «Théorie des nœds et enluminures celtes» in *L'Ouvert* Nr. 84, September 1996.

Prasolov, V., Sossinsky, A. *Knots, links, braids and 3-manifolds*, American Math. Soc. (Hg.), Providence, RI, 1997.

Rouse Ball, W. W. *Fun with String Figures*, Dover 1971.

Stewart, I. «Le polynôme de Jones» in *Pour la science*, Nr. 146, Dezember 1989.

Thomson, W. «Hydrodynamics», *Proc. Roy. Soc. Edin., 41, 1867*, Seite 94–105.

Walker, J. «Le jeu de la ficelle» in *Pour la science*, dossier hors série, April 1997, Seite 22–27.

Zu Wan, E. C. «The topology of the brain and visual perception. Topology of 3-manifolds and related topics» in Proc. of The University of Georgia Institute, 1961, Seite 240–256.

Register

Achterknoten 26f, 82, 101, 124f, 134
- Auflösung 107f
- Diagramm 108
- → Invariante 127
- umlaufender 43
Alembert, Jean le Rond d' 15
Alexander, James W. H. 13, 20, 41, 88 (→ Satz von Alexander)
Alexander-Conway-Polynom 21, 120 (→ Conway-Polynom)
Algebra 12, 42, 50, 54–56, 152 (→ Bialgebra; Hecke-Algebra; Operator-Algebra)
- chinesische Schriftzeichen 154
- Feynman-Diagramme 154
- Techniken 127
Algorithmus 20f, 50, 57, 68 (→ Entknotungsalgorithmus; Vogel-Algorithmus)
Altweiberknoten 82
Angler 16
Antoine, Louis 36
Antoine-Kollier 20, 35 (Abb.)
Äquivalenzklasse 32, 40, 131
Arithmetik 73 (→ Knotenarithmetik)
Arnold, Wladimir 64, 123, 128
Artin, Emil 20, 40, 55, 57, 59
Artin-Relation 55, 142–144, 151
Assoziativität 53, 79
Atiyah, Michael 145, 150
Atom 25, 104, 146
- Nachbaratom 104, 147
Atomtabelle 38
Auflösung (→ Knoten; Knotendiagramm)
Aufspaltung 88, 90f, 96–98
Ausartungen 64
Axiome 101, 152

Bar-Nathan, Dror 101, 137, 155
Baxter, Roger 103
Bialgebra 152, 154
Birman, John 58, 138
Bohr, Niels 26
Bolyai, Janos 141f
Bolzmann-Konstante 105, 148
Bourbaki, N. 145

Cantor'sches Diskontinuum 34, 36f
Combing 57
Conway, John 21, 87f, 90
Conway-Aufspaltung 91
Conway-Axiom 101
Conway-Flip 91 (→ Flip)
Conway-Invarianten 94, 97, 100 (→ Invarianten)
Conway-Operationen 22, 89
Conway-Polynom 94, 96–98, 100f, 139

- Programm zur Berechnung 99
Conway-Skein-Relation 96f, 101, 110 (→Skein-Relation)
Crick, Francis 89

Deformationen 33, 67 (→ Knoten)
- ebene 67
- elementare 32, 67
Dehornoy, Patrick 57, 59
Diagramme (→ Knotendiagramme)
- ebene 146
- isotope 120
- Umformungen 12
Diderot, Denis 15
DNS 89–93
→ Stränge, geschlossene 90
Doppelknoten 123
Doppelkreuzung 62f, 69 (→ Kreuzungen)
Doppelpunkte 123–126, 130, 132–135
- Auflösung 131
- → Knoten, singulärer 131
- zyklische Ordnung 130
Drinfield, Wladimir 153

Ecke 64f
Ein-Element-Relation 52, 82, 137
Entknotung 62, 69, 87, 127, 133
→ Achterknoten 127
- durch → Reidemeister-Bewegungen 63
Entknotungsalgorithmus 21, 68, 71f, 155
Enzyme 90

Fäden 17
Fasern 17
Fields-Medaille 150, 153
Flaschenzug 16
Flechttechnik 17 (→Verflechtungen)
Flip 87f, 90, 96–89, 153

Garn 17
Gauß, Carl Friedrich 11, 141ff
Gauß-Diagramm 134f
- mit Sehnen 135–137
Gauß-Integral der Elektrodynamik 154
Gaußsche Invariante 93 (→ Invarianten)
Geometrie, nichteuklidische 141
gordischer Knoten 11, 71f
Gusarow-Wassiliew-Invarianten 132 (→ Invarianten; Wassiliew-Invarianten)

Haken, Wolfgang 20, 71
Handarbeitsknoten 16
Hecke-Algebra 142, 144f, 151
Hilbert, David 128
Homfly-Polynom 100–102
Homöomorphismus 80, 130
Hopf-Verschlingung 97f, 112, 119

Invarianten 93–95, 113f, 118,

133, 141 (→ Knoteninvarianten; Wassiliew-Invarianten)
- Differenz der 131
- endlicher Ordnung 22, 123, 132–134, 138, 143
- genaue 120f
- isotope 118
- polynominale 138
- Räume von 128
- topologische 150
- vollständige 102, 120f
- Witten-Jones-Typ 154
- wohl definierte 127
- zur Unterscheidung von → Knoten 100
Invarianzbedingung 95
Ising-Modell 103, 146
Isotopie 28, 30, 32, 40, 56, 118,130
- algebraische Beschreibung 55
- Deformation von → Knoten 33
- geometrische Operationen 55

Jacobi-Identität 155
Jones, Vaughn 22, 72, 103, 121, 128, 139, 144, 146, 149
Jones-Polynom 22, 100f, 103, 113, 116, 118, 120, 138, 144, 146, 149 (→ TQFT)
- Eigenschaften, grundlegende 118f
- → Knoten, orientierter 117
- → Knotentheorie, Bedeutung für die 118
- statistische Physik 103
Jones-Witten-Verallgemeinerung 150, 154

Katastrophe 123, 126
- → Projektionen 65
- Sonderfälle 65
- verbotene 65
- vermeidbare 64, 67
Katastrophentheorie 20, 22, 123, 153
Kategorientheorie 129
Kauffman, Louis 22, 72, 105, 109f, 144, 146, 149, 155
Kauffman-Modell 107, 110f (→ Klammerpolynom)
- Relationen, grundlegende 111, 116
Kauffman-Spin 106
«Kauffman-Trick» 148
keltische Kultur 18, 118f
Klammerpolynom (Kauffmansches) 22, 108–112, 114, 117–120, 138, 149, 151, 155
- Eigenschaften, fundamentale 151
- Invarianz 114f (→ Invarianten; Knoteninvarianten)
Kleeblattknoten 26f, 41, 73, 78f, 82f, 87, 93, 96f, 101, 112, 120, 123, 126–128, 133, 138 (→ Schleimaal)
- geflippter 87 (→ Flip)

158

- linker 120
- nicht entknotbarer 98
- nicht trivialer 127
- rechter 120
- singulärer 124 (→ Knoten, singulärer)

Knostriktorknoten 16
Knoten 68f, 124, 128, 156
(→ Entknotung; Kreuzungen; Zöpfe, Zusammensetzung)
- Aufheben eines anderen 81
- Auflösung 107, 110, 130
- biologische 77f (→ Schleimaal)
- *Definition* 27, 32f, 61
- Deformation 124f
- dualer Graph 147
- Geschichte 19
- identische 131
- inverse 78f, 82
- isotope 130 (→ Isotopie)
- klassische 156
- Kodierung von 20f, 69
- nicht verknotete 55
- nummerierte 84f
- → Projektion auf die Ebene 27 (Abb.), 84
- Reihenfolge 76
- Schachtel 74–76, 80
- umlaufende 42–45, 49f, 52
- Verformung in einen anderen 67
- wilde 20, 33, 34 (Abb.), 35f (→ Antoine-Kollier)
- Zerlegung in Primfaktoren 21, 73
- → Zöpfe, Verwandlung in 44

Knoten als
- Abstraktion einer Schnur 33
- Atommodell 24, 138
- → Kurve, geschlossene glatte 33
- → Polygonzug 33, 61
Knoten, alternierende 20, 29 (Abb.), 82
- nicht alternierende 29, 31
Knoten, Computeranwendungen 20, 50 (→ Algorithmus; Entknotungsalgorithmus)
Knoten, orientierte 44f, 95, 117, 130
- nicht orientierte 106f, 110
Knoten, singuläre 123–125, 128–130, 132f, 135
- nicht singuläre 133, 135
Knoten, triviale 49, 126 (→ Unknoten)
- nicht triviale 69f, 79, 82f
Knotenaddition, geometrische 84
Knotenäquivalenz 28, 67f, 80, 102, 130
- nicht äquivalente 69, 138
Knotenarithmetik 21, 31, 50, 73, 85
Knotendarstellungen 18, 100 (→ Verschlingungen)
- ebene 87, 94
Knotendiagramm 20f, 44, 61, 64f, 68, 70, 72, 83, 98, 107f, 111, 149, 151
- Auflösung 45, 49
- ebenes 62
- Gaußsches 134
- → Klammerpolynom 111
- → Kreuzungen 85, 95, 106
- orientiertes 117
- Veränderungen 62
Knoteninvarianten 24, 72, 94, 103, 109, 115, 120, 129, 134, 139, 144f, 148–150, 155 (→ Invarianten)
Knotenklassifikation 20f, 27–29, 31, 42, 58, 61, 67–70, 85, 141
- Probleme 24
- Suche nach 70
Knotenkurve 61, 67, 131 (→ Kurve)
Knotenpolynom 11, 146
Knotenprojektionen
→ Projektionen
Knotenraum, abstrakter 131
Knotentabelle 30 (Abb.) 31, 49, 85, 120
Knotentechnik 14–17
- mündliche Überlieferung 14f
- Nachschlagewerk 16
- Seefahrt 14
Knotentheorie, mathematische 11–13, 20, 61, 82, 89, 93, 103, 112, 117, 120
- Anfänge 19, 23, 155
- chirurgische Operationen 87
- einheitliche Darstellung 13
- grundlegende Ideen 141
- Physik, Beziehung zur 22f, 142, 144f, 148f, 155
- Probleme 24
Knotentypen 26, 41
Kombinatorik 40, 138
Kommutativität 55, 75, 79
Komplementärwinkel 106
Komultiplikation 152, 154
Konzewitsch, Maxim 154
Konzewitsch-Integral 137, 154
Koorientierung 126
Korpuskulartheorie 25
Korrolare 85
Kreise, disjunkte 111
Kreuzknoten 14
Kreuzungen 27–29, 47, 53, 61, 87, 106, 108, 114, 120, 123, 130 (→ Strang)
- als → Katastrophe 65
- Beseitigung 88, 107
- Diagramm 45
- eingeschränkte 29
- entgegengesetzte 132
- fünf 49, 82
- Mindestzahl 83
- negative 117
- positive 117
- Zahl, veränderte 28, 69f, 83, 95, 133
- zehn 31
Kreuzungswinkel 106f
Kurve 61, 98, 156
- ebene 29

- geschlossene 27, 33, 45, 74, 93, 96, 108
- glatte 33f
- nicht durchtrennte 130
- wilder Punkt 33, 36

Land 44, 48
- unendliches 45
- ungleichartiges 46f, 49
- zentrales 47
Leibniz, Gottfried Wilhelm 80
Leichtschifferstek 14
Lemma 132–134
Lie-Algebren 155 (→ Algebra)
Lin, Xiao-Song 138
Little, C.N. 31
Litze 17, 39
Lobatschewskij, Nikolaj 141f
lokale Pathologien 33
Lord Kelvin 19, 23, 25–27, 31, 155
LYMPH-TOFU 101

Materiestruktur, fundamentale 24f
Mathematik, lebendige 12
- soziologischer Ansatz 23, 128
- und Wirklichkeit 144f
Maxwell, James Clerk 26
Megalith 18
Mendelejew, Dimitri I. 38
Menhir 118
Myxine glutinosa 77

Neunschwänzige Katze 15
Newton, Isaac 82

Observable 149f
Operatoralgebra 103, 142, 151 (→ Algebra)
Operationen (→ Conway-Operationen)
- chirurgische 87f
- geometrische 55
- → Kleeblattknoten 119

Palstek 16
Perestroika 47–50
Phasenübergänge 105, 146, 148
Polygonzug 34, 64
- Äquivalenzklasse 32
- geschlossener 61
- isotoper 32
Polynome 88 (→ Conway-Polynom; Klammerpolynom)
Potts-Modell 105, 109, 144, 146, 148
Prasolov, V. 19
Primfaktoren 21, 73
Primknoten 30 (Abb.), 31, 73, 82–84, 120
- nichtäquivalente 120
Primzahlen 82
Projektion 27, 61, 63, 67, 70
- reguläre 64
Punkt 128
- pathologischer 34
- unendlich fertiger 45

Quantengruppe 11, 103

159

→ Invarianten, Herstellung von 152f
→ Knoten, Beziehung zu 151f
– Konzept 151f
– quasitrianguläre 152–154
Quantenteilchen 145
Quantentheorie 11, 40, 142
– der Gravitation 156

Raumkurven 26, 28
(→ Kurven)
Reffknoten 14, 82
Reidemeister, Kurt 20, 61
Reidemeister-Bewegungen 21, 47, 62, 65–67, 69, 113–115, 118, 151
– dritte 142–144, 148
– erste 95
– zweite 95, 113, 148

Satz von → Alexander 42, 58
– Programmiersprache 43
Satz von → Reidemeister 67f, 72, 113
Satz von → Schubert 84f
Satz von → Konzewitsch 137
Schicht 126, 128f
– Konfiguration 127
Schlange, sich in den Schwanz beißende 25 (Abb.), 26
Schlaufe 50, 131, 136
– Verschwinden der 62f, 65, 69
Schleimaal 77f
Schotstek 14
Schubert, Horst 21, 73, 84
Seeleute 14–16
Seemannsknoten 11, 14
Seifert-Kreise 44f, 47
– ineinander geschachtelte 45f, 49
Seil 14, 17
– klassisches 39
– sich entflechtendes 19
Singularitätentheorie 64, 123f, 128 (→ Katastrophentheorie; Knoten, singuläre)
Skein-Relation 96f, 101, 116 (→ Conway-Skein-Relation)
– Bildzeichen 110
Smith, John 15
Sossinsky, Alexei 19
Spin-Gitter 104f
Spin-Modelle 22, 104, 146
Stäbchen 107f
statistische Modelle 105, 109, 142–144
– duale 146
Stopperknoten 16
Strang 39, 41, 45, 54, 61, 130
– aufgetrennter 107
→ DNS 92f
– elastischer 40
– geschlossener 90
– oberer 29, 87, 130
– unorientierter 88
– unterer 28, 31, 106, 130, 153

– Zahl 51
– zusammengeklebter 88
Strecken 32, 146
– zwischen → Atomen 148
Streckenzug 47, 64f, 147
(→ Wechselwirkungen)
Stringtheorie 156
Suew, G.J. 36f

Tait, Peter Guthrie 27, 29, 31
Tait-Tabellen 20, 37 (→ Knotentabellen)
Tait-Vermutungen 19
Tau 17
Temperley-Lieb-Algebra 151
Thom, René 64, 128
Thomson, William → Lord Kelvin
Topoisomerasen 22, 89–91, 93
Topologie 11, 17, 88–90, 93, 149
– algebraische 50
topologische Äquivalenz 37
topologische Umformungen 80
Torus 36f
TQFT (topologische Quantenfeldtheorie) 149, 151, 155
– Verallgemeinerung 150
– zweifelhafte Bedeutung 155
triviale Manipulationen 61–63, 67, 115 (→ Knoten, triviale)
Türkischer Bund 15
Twist 90, 93

Übereinstimmungen 144f
Überwindung 90
Umgebungsisotopie 130
(→ Isotopie)
unendlich fertiger Punkt 45
(→ Punkt)
Unendlichkeitswechsel 46, 48–50
Unknoten 26f, 68, 70, 75, 84f, 87, 110f, 116, 119, 123f, 126f, 133
– Darstellung 95
– verschlungener 110

Vektorraum 132, 136f, 154
Verdoppelungen 29
Vergleichsalgorithmus 56f
(→ Algorithmus)
Vergleichsproblem 93, 95
Verschlingung 18 (Abb.), 21, 26, 33, 96f, 108, 118f, 146, 151
– Bildzeichen 110
– Diagramme 110f, 150
(→ Knotendiagramme)
– Knoten als Sonderfall 42
– mystische Bedeutung 18
– triviale 111
→ Zopf 41
Verschlingungsvariante 118
Verwringung 117
Vier-Terme-Relation 131, 155
Vogel, Pierre 44, 144, 150
Vogel-Algorithmus 48–51

Vorstellungsvermögen, räumliches 13, 99

Walker, J. 19
Wang, James 92f
Wassiliew, Victor 123f, 127, 129, 156
Wassiliew-Invarianten 22, 126f, 129, 131f, 137f, 153, 155f
(→ Invarianten)
→ Achterknoten 126
– Beziehung zur Physik 139
– «soziologischer» Ansatz 128f
Watson, James 89
Webeleinstek 14
Wechselwirkung 146–148
Whitney, Hassler 64
Wilson-Linien 150
Windsorknoten 11
Windungszahl 117
Wirbelatom 19, 25f
Witten, Edward 150

Yang-Baxter-Gleichung 143–145, 151, 153
– Quantenversion 143

Zahlen, natürliche 73, 78, 83
– inverse 82
Zahlen, positive 21, 84f
Zahlen, reelle 133, 136
Zöpfe 17, 49, 79, 144
(→ Kreuzung)
– algebraische Darstellung 54, 56
– alle → Knoten 20
– Äquivalenzklassen 40
– elementare 54
– geometrische 55–57
– in der Mathematik 20, 39
– inverse 53
→ Isotopie 40, 56
→ Knotentheorie 39–41
– Kommutativität für entfernte 55
– Menge der 42, 51 (→ Zopfgruppe)
– nicht isotope 56
– Produkt 53
– Schließung 20, 41f, 58
– triviale 52f, 57
– Vergleich 57
Zopfgruppe 44, 51, 54f, 57, 142
– nicht kommutative 54
Zopfklassifizierung 20, 58
Zopfrelation 55f
Zopftheorie 20, 40
Zopf-Wörter 54–56
Zusammensetzung (von Knoten) 73–76, 78, 82–84
– Kommutativität 75
– unendliche 79f
Zustandssumme 104f, 107, 109, 146, 148
→ Jones-Polynom 148
→ statistische Modelle 149
zweidimensionales Wasser 105